装备科技译著出版基金

可重复使用助推器系统综述与评估
Reusable Booster System
Review and Assessment

美国科学院国家研究理事会宇航与空间工程部
RBS 综合评估委员会 　著

蔡巧言　张旭辉　彭小波　韩鹏鑫　张化照
王　飞　王宁宇　杜朋飞　郭金花　海尔翰 　译

国防工业出版社

·北京·

著作权合同登记　图字:军-2016-134号

图书在版编目(CIP)数据

可重复使用助推器系统综述与评估／美国科学院国家研究理事会宇航与空间工程部 RBS 综合评估委员会著;蔡巧言等译. —北京:国防工业出版社,2018.9

书名原文:Reusable Booster System Review and Assessment

ISBN 978-7-118-11690-8

Ⅰ. ①可... Ⅱ. ①美... ②蔡... Ⅲ. ①重复使用运载火箭-系统评价 Ⅳ. ①V475.1

中国版本图书馆 CIP 数据核字(2018)第 186790 号

※

*国防工业出版社*出版发行

(北京市海淀区紫竹院南路 23 号　邮政编码 100048)

三河市腾飞印务有限公司印刷

新华书店经售

*

开本 710×1000　1/16　印张 8¼　字数 142 千字

2018 年 9 月第 1 版第 1 次印刷　印数 1—2000 册　定价 72.00 元

(本书如有印装错误,我社负责调换)

国防书店:(010)88540777　　　发行邮购:(010)88540776

发行传真:(010)88540755　　　发行业务:(010)88540717

译者序

随着航天技术的发展,近年来为追求低成本、快速响应进出空间的能力,美国、欧洲、俄罗斯的主要航天机构均开展了可重复使用运载器的相关研究,出现了多种基于可重复使用技术的航天运输系统方案,其中美国空军研究实验室提出的可重复使用助推器系统(RBS)方案最引人关注。由于一次性运载火箭目前仍是航天发射任务的主力,可重复使用运载器尚处在研发攻关阶段,RBS的技术方案可行性、远期大规模发展应用的风险、全寿命周期的成本和效益规律均需要进行系统的评估,以便为未来航天运输技术发展路线图的确定提供技术参考和决策建议。美国科学院国家研究理事会(NRC)的宇航与空间工程部在2012年成立了专门的第三方评估委员会对RBS相关技术和方案进行了长达数月的独立审查和系统评估,本书原著给出了评估委员会的完整评估情况和结果。

在这篇针对RBS的全面独立技术评估报告中,参与评估的专家以第三方的视角从市场需求、技术风险、项目管理、运营成本控制等方面对RBS进行了权威的评价,涵盖了项目的工程需求、技术风险、发展路线图、全寿命周期成本估算、以往类似型号的研制经验、降低关键系统风险的途径和措施等诸多方面,对国内类似的可重复使用运载系统方案论证、项目研制、风险评估等均有重要的指导意义和参考价值。

译者长期从事可重复使用运载器相关技术的研究和跟踪探索,对国内外与RBS类似的研究计划和项目有全面的了解。整个翻译团队对原著进行了系统的整理和全面的消化,完全遵照原著的客观描述和权威论断,向国内航天界展示了美国航天界权威机构对重大项目进行专家审查和技术评估的完整流程。

译者在对原文进行翻译整理的过程中,得到了中国运载火箭技术研究院研究发展中心相关领导、专家的大力支持和热情帮助,并为本书的顺利出版提供了诸多便利,在此一并致谢。

本书得到了装备科技译著出版基金的资助,在出版过程中,国防工业出版社提供了大力支持,特别是责任编辑提出许多宝贵意见,在此表示由衷的感谢!

由于专业知识和语言水平有限,书中难免还有一些内容的翻译不尽如人意,恳请从事该领域研究的专家、学者们不吝赐教,欢迎读者对此书提出宝贵意见。

译者

2018.6

原著者简介

　　应美国空军空天司令部的要求,美国科学院国家研究理事会(NRC)宇航与空间工程部成立专门的 RBS 综合评估委员会对 RBS 相关技术和方案进行独立审查和评估,本书是评估委员会给出的结论和建议。评估委员会是由与当前RBS 研究活动无关的专家组成,这些评估委员会的成员均是航天运载器设计、运营、研究、技术发展及应用、航天系统操作、成本分析等方面的知名专家。该评估委员会共有成员 15 名工作人员 6 名,分别来自美国及欧洲的大学、国家实验室、美国航天局、欧洲航天局、美国国防部等部门以及美国航空航天学会(AIAA)等专业的学术机构。

可重复使用助推器系统评估委员会 成员

宇航与空间工程部
成员

LESTER L. LYLES：莱尔斯集团，主席。
AMY L. BUHRIG：波音公司,副主席。
ELLA M. ATKINS：密歇根大学。
INDERJIT CHOPRA：马里兰大学帕克分校。
JOHN – PAUL B. CLARKE：乔治亚理工学院。
RAVI B. DEO：EMBR。
VIJAY K. DHIR：加州大学洛杉矶分校。
EARL H. DOWELL：杜克大学。
MICA R. ENDSLEY：萨科技公司。
DAVID GOLDSTON：自然资源保护委员会。
R. JOHN HANSMAN, JR.：麻省理工学院。
JOHN B. HAYHURST：波音公司（已退休）。
WILLIAM L. JOHNSON：加州理工学院。
RICHARD KOHRS：独立顾问，德克萨斯州，迪克逊。
IVETT LEYVA：空军研究实验室,爱德华空军基地。
ELAINE S. ORAN：海军研究实验室。
HELEN L. REED：德州农工大学。
ELI RESHOTKO：凯斯西储大学。
EDMOND SOLIDAY：联合航空公司（已退休）。

工作人员

MICHAEL H. MOLONEY：主任。
CARMELA J. CHAMBERLAIN：行政协调员。
TANJA PILZAK:经理,策划实施。
CELESTE A. NAYLOR：信息管理合作人。
CHRISTINA O. SHIPMAN：财政专员。
SANDRA WILSON：财政助理。

致谢

本报告事先以草稿形式由不同的专家审查，这些评论人是依照国家研究会（NRC）下属的报告评估委员会认可的程序，为获得不同的观点和专业的专家意见而选择的。这种独立评论的目的是为了提供公正和有判断力的意见，可以帮助协会出版的报告尽可能地合理，确保报告满足客观性、有依据以及对研究任务的体现程度等机构标准。为保护审议程序的完整性，评论意见和草稿手稿都是保密的。我们想对以下人员为报告做出的评论而表示感谢：

Brian Cantwell：斯坦福大学。

John Casani：喷气推进实验室。

Natalie W. Crawford：兰德公司。

Robert L. Crippen：美国海军(已退役) 和聚硫橡胶推进公司（已退休）。

David E. Crow：康涅狄格大学(已退休)。

Joseph Hamaker：千禧国际集团有限责任公司。

Debra Facktor Lepore：史蒂文斯理工学院。

Lester L. Lyles：美国空军(已退役) 和莱尔斯集团。

Alan Wilhite：乔治亚理工学院。

尽管以上列出的评论人提出了很多建设性的意见和建议，但他们并没被要求给出结论或签署推荐信，也没在本报告发表之前看到过报告的最终版本。本报告的评论在国家史密森尼学会空天博物馆 John D. Anderson 的监督下进行。受国家研究理事会指定，他负责确保对本报告的检查都是按照制度程序不受影响而独立做出的，所有的评论意见都是经过谨慎思考的。本报告的最终内容则完全取决于作者委员会和审查制度。

目录

概述

2011 年 6 月 15 日美国空军空天司令部发布了新的战略方向、研究任务与目标,以确保美国在太空及网络电磁空间(Cyberspace)的持续主导地位。随后,美国空军研究实验室(AFRL)、空军空间与导弹系统中心、空军第 12 和 14 中队、空军空天司令部确定了这一目标所面临的四个长期的关键科学和技术挑战。其中一个挑战是提供全型谱的、成本显著降低的载荷发射能力,可重复使用助推器被认为是能够满足这一挑战的有效方案。

目前空军的中型和重型运载任务由一次性运载器来承担,如联合发射联盟为美国空军提供的 Atlas V 和 Delta IV。由于近期美国国家航空航天局(NASA)航天飞机计划的终止,后续相关子合同需要完全依托一次性运载器的相关发展计划来履行,导致完成上述发射任务的工程实现成本有所增加。美国空军希望通过找到一种有效的航天运载发射方法来控制这种成本的增加,同时保持目前一次性运载器所能达到的高可靠性。

RBS 是一个带有自动制导控制系统的无人运载器,由可重复使用第一级(采用碳氢燃料、分级点火的富氧发动机)和一次性使用第二级(液氢液氧发动机)构成。可重复使用的第一级采用返回原场(RTLS)的发射模式,在发射场进行回收、维护和下次发射。美国空军曾经研究过多种 RTLS 方案,最终推荐采用"二级分离之后进行火箭动力返场机动"的飞行模式。在约 30km 的高空进行火箭动力返场机动,采用一级配备的两台发动机中的一台点火工作,确保助推器能够获得足够的速度可安全返回到发射场并进行无动力着陆。

美国空军研究实验室一直致力于 RBS 相关的关键技术研究,包括碳氢助推器和飞行技术。正在开展的"探路者"(Pathfinder)项目就是为了验证火箭动力RTLS 的主要关键技术,包括采用缩比飞行样机验证推进剂管理、飞行器控制等技术。

美国空军空间与导弹系统中心已经确定了一种 RBS 方案和相关的发展计划,包括 1 个中等规模的可重复使用助推器验证机、2 个全尺寸样机(RBS - Y 飞行器)、8 个工程应用的 RBS,将在范德堡空军基地和卡纳维拉尔角空军基地运营。航空宇航公司联合美国空军空间与导弹系统中心对 RBS 基本概念方案的工程运营成本进行了系统分析,结果表明:在执行同样的运载能力的情况下,与一次性运载系统相比 RBS 能够大幅降低全寿命周期的成本。成本估计中采用工业标准模型估计 RBS 各运载级的成本,所需推进系统和地面设施的成本是独立评估的,并基于模型估计操纵运营的成本。

美国空军空天司令部要求国家研究理事会(NRC)的宇航与空间工程部对 RBS 相关技术和方案进行独立审查和评估,以确定将来是否继续在 AFRL 支持下开展 RBS 的相关研究工作,并评估是否需要启动针对 RBS 研发计划的更大规模融资工作。基于评估要求,评估委员会进行了深入的审查,对 RBS 发展规划中的相关标准和假设条件、RBS 商业运营成本分析模型、技术成熟度、RBS 应用相关的核心部分的发展规划等方面进行了系统的评估。评估委员会是由与当前 RBS 研究活动无关的专家组成,这些评估委员会的成员均是航天运载器设计、运营、研究、技术发展及应用、航天系统操作、成本分析等方面的知名专家。评估委员会要求 AFRL 向委员会提交美国空军航天发射需求、RBS 的技术基线、成本模型与评估、技术成熟度等材料用于开展评估审查。同时,评估委员会还从与 RBS 相关的工业部门、RBS 的行业独立性、推进系统供应商等渠道获得评估的部分输入信息作为参考。

基于得到的评估输入条件,经过独立的评估分析、委员会专家的判断评估,评估委员会得到了 6 条主要发现。

发现1:成本估计的不确定性可能会严重影响 RBS 全寿命周期的成本估计结果。

有几个重要因素导致目前采用的 RBS 成本估计具有明显的不确定性。首先,飞行器研发成本估计使用了 NASA/美国空军成本模型(NAFCOM),这是一个工业界的标准模型,也采用了合理的模型输入,但是这个模型中没有考虑可操作性对飞行器设计的影响。由于 NAFCOM 很大程度上基于历史数据,目前缺少可重复使用系统相关的经验数据,当考虑与确保可操作性所必须具备的飞行器相关特性时,该模型存在很大程度的不确定性。其次,成本预测是基于美国版的俄制碳氢燃料发动机技术,但是研发一个工程可操作的可重复使用发动机的成本风险很难计算。基于美国工业界在研发富氧型分级燃烧(ORSC)碳氢发动机方面的有限经验,与发动机研发相关的成本不确定性是非常严重的。再次,基础设施需求方面的底层细节还不明确,因此与基础设施相关的成本估计也存在一定的不确定性。最后,目前估计出的操作成本是基于"仅需适度的飞行后检查需求"这一前提得出的,这是基于已经研发了一套有效的飞行器综合健康管理系统这一假设,并且要求因飞行任务担保引起的附加成本非常低。

发现2:RBS 的商业运营方案是不完整的,因为没有对新型的商业发射提供商、单独采用一种运载器进行发射任务的影响及技术风险进行充分考虑,美国空军需要独立的发射能力以满足其非常有把握地进入太空的需求。上述因素导致的成本不确定性使得 RBS 进行商业运营的方案目前难以闭环。

除了与 RBS 相关的基本成本不确定性,还有三大因素使得 RBS 的商业运营方案不完整并且目前还不能闭环。首先,RBS 的商业运营方案没有考虑新加入航天发射领域的具有竞争性的商业发射提供商,导致目前的运营方案成本估计是基于 RBS 概念与最新的改进型一次性运载火箭(EELV)成本外推结果的对比得到的。考虑到大量的追求新型进入太空发射运输方式的商业实体的出现,未来航天运输可能与现在采用的方式有很大不同。随着全球范围内均在围绕降低发射成本开展激烈竞争,可以预见,最近采用的 EELV 成本很有可能并不是进行 RBS 成本比较的合理基线。

其次,RBS 运营方案没有充分考虑单独采用单一的运载器发射任务供应商的影响及技术风险。目前的运营方案假设 RBS 获得了承担美国空军全部发射任务的资格,并单独由一家供应商来研制 RBS,并没有充分考虑这种采用单一运载能力提供方的成本风险。另外,目前的运营方案中没有考虑在飞行器研发阶段保留竞争关系可带来的成本收益。因为商业发射市场目前正在快速变化,未来将主要随成本因素的驱动发展,不考虑竞争关系在其中的角色和影响是当前 RBS 运营方案的一项弱点。

最后,RBS 运营方案假设获得了美国空军全部发射任务的资质,但是美国空军目前保留了自身具有一定的独立发射能力,以确保其非常有把握地进入太空的需求。在这种需求下,需要研发并保持第二种航天发射系统的能力,RBS 运营方案在其获得美国空军全部发射任务订单方面的估计过于乐观。

这些因素的最终结果就是与 RBS 商业运营方案相关的不确定性非常高,导致目前这一商业运营模式的方案不可能闭环。

发现 3:可重复使用依然是以降低成本实现全新的全型谱运载能力及更大运载能力适应性的重要途径。

为了在显著降低发射成本的基础上形成全型谱的运载能力,美国空军空天司令部已经确定了一个长期的科技发展目标,可重复使用性仍然是实现这一目标的可行途径之一。除了降低成本外,具有较强鲁棒性(任务适应性)的可重复使用系统可能还会有附加的效益,包括按需补充卫星、布置分布式星座、快速部署、可以在多用途防御发射基地发射的强适应操作响应、空军人员工程操作的可操作性等。

发现 4:RBS 对美国空军产生的最大影响是对发射任务的操作响应比目前一次性运载系统更为快速及时,但是目前还没有发现能够驱动该技术发展的明显需求。

目前的 RBS 运营方案是基于满足当前 EELV 运载发射资质下开展按需发

射的假设前提下展开的。在这一假设下，由于缺乏对 RBS 的操作应用需求，那些满足提高可操作性、降低操作成本所必须的技术所处的优先级将会有所降低。可重复使用系统的真正价值在于设计特性、技术的发展，以及由此引起的美国空军操作模式的改变。

发现 5：在开展大规模研发之前需要进行持续应用研究和先进技术研发的技术领域已经明确。包括可重复使用富氧型分级燃烧碳氢燃料发动机技术、火箭动力 RTLS 操作、飞行器健康管理系统、自适应制导控制能力。

发现 6：明确了进行 RBS 商业运营的不确定性和需要进一步降低的技术风险，美国空军空天司令部在工程应用型 RBS 研制方面进行大规模投资还为时尚早。

评估委员会认为目前 RBS 开展商业运营的方案还不闭环，进行 RBS 大规模研发的条件还不成熟。同时，委员会充分认可对未来运载系统所需技术开展持续研究和先进技术开发。委员会做出了如下 6 项建议。

建议 1：发射的快速响应能力将是任何一种可重复使用运载系统的一个重要特征。为了处理/应对这种目前已经意识到的技术断层，空军应该在目前一次性运载器"遂行发射"（launch – on – schedule）需求之外建立特殊的快速响应应用目标，以推动技术发展。

评估委员会认为，快速响应特性应该是研发可重复使用运载系统及其配套支持技术时应当考虑的主要因素。目前，除了"遂行发射"的任务模式需求外没有其他工程型的快速响应需求。由于这些需求会牵引飞行器和技术发展的新方向，空军非常有必要定义标准的快速响应的任务目标，以便为技术研发活动提供聚焦的攻关目标。

建议 2：与 RBS 研发进程上的任何官方决定无关，空军需要在以下主要领域开展技术研发工作：可重复使用富氧/分级燃烧碳氢燃料发动机技术、火箭动力返回原场（RTLS）操作、飞行器健康管理系统、自适应制导控制能力。这些技术必须成熟才能够支撑未来在 RBS 发展方面做出合理的决定，而且其中大部分技术也可以用于相关的运载系统概念中。

需要在这四个技术区域开展持续的研发，从而当 RBS 项目的大量投资通过审查并开始执行时，项目这四方面所需的技术可以达到一定的技术成熟度。针对这四个领域的技术研究投入应当持续并且与 RBS 项目研究计划的决策相独立。因为除了火箭动力 RTLS 的技术之外，其他技术的应用范围远超出了 RBS 项目本身，这些技术的成熟对美国空军除 RBS 计划外的先进火箭推进系统、系统可靠性、飞行器自主化等方面都有很有益的支撑。

建议 3：AFRL 目前开展的 Pathfinder 项目正在用一个小规模的缩比飞行器验证 RTLS 机动飞行过程的主要技术方面。为了增大 Pathfinder 的成功概率，

AFRL 应该研发和飞行多个 Pathfinder 试验飞行器。另外,在确定出下一代航天发射的最优系统之前,RBS 多种概念间的竞争和对比将会持续。

RBS 进行 RTLS 任务时的火箭动力返回机动还没有验证过,因此通过这一方式实现可重复使用很明显会带来风险。基于这一风险以及由此带来的新任务模式的参数分布空间,Pathfinder 计划应该采用一种发展模式,该模式下陆续设计并飞行验证多个飞行器。尽管这种方法在近期会增加成本,但如果将来某一天高性能的解决方案真正能够实现可重复使用时,其带来的长期收益将会远远超出初期的投入成本。

建议 4:在 Pathfinder 试验飞行活动成功完成,并且与可重复使用富氧型分级燃烧碳氢燃料发动机技术、火箭动力 RTLS 操作、飞行器健康管理系统、自适应制导控制系统相关的关键技术风险得到充分降低之后,才能为 RBS 的下一步发展方向做出决策。

由于目前对主要技术的研究线条较粗并且不够成熟,RTLS 模式下火箭动力机动中也存在一定的风险,是否决定继续推进 RBS 计划的发展取决于 Pathfinder 项目的成功完成和主要技术风险的适度降低。评估委员会认为这种模式将会推迟 RBS 性能的实现。但是,推迟做出继续推进 RBS 计划的决定将会带来附带的好处——为新加入的商业运载发射服务供应商提供了更清晰、明确的商业运营环境。

建议 5:在 Pathfinder 试验飞行活动成功完成后,AFRL 应当重新评估 RBS 商业运营的可能性,同时考虑以下因素:新的具有竞争实力的商业发射提供商、采用单一发射运载器来源的潜在影响,空军需要独立掌控能够满足其十分有把握地进入空间的需求。

建议 6:在开展 RBS 项目工程研制时,从技术研发到验证、样机、飞行产品各个阶段,只有上一阶段工作成功完成并进行充分评估之后才能做出是否开展下一阶段工作的决定。

是否开展下一步工作的决策节点将是后续阶段是否可以正常开展的分支点,这些节点上应该对能够支撑下一阶段工作的相关技术具有足够充分的理解和认知。是否推动从 Pathfinder 和碳氢燃料发动机技术风险降低到中等规模验证机、从验证机到 RBS-Y 样机的决策节点应该被视为是研制流程决策路线图的第一步。由于研发新的空间运输能力需要相关的成本,而且其运营方式也存在一定的技术不确定性,构建任何未来可用的 RBS 计划都是很谨慎的选择,因此是否决定推进开展下一阶段的研究很大程度上依赖于前一阶段相关研究工作的成功完成。

今天,美国正处在一个十分重要的空间运输模式转型过程当中,从一直由政府研发和控制运载器的模式转换到基于服务的新型航天发射模式,在这种新模式下,工业部门研发运载器之后向政府组织和商业市场出售发射服务。除了这种转换,评估委员会也注意到了大量的组织正在采用新的设计、发展模式和操作方法来研发新的航天运输能力。在这一转型过程中对 RBS 概念进行全面分析和评估本身就是非常困难的任务,但是评估委员会坚信,如果本项目推荐研究的技术与新的设计及运行方式结合起来可实现足够的效费比,并可得到具有强适应性的发射系统,美国的空间运输能力将会非常强大。

第1章
项目背景

2011年6月15日美国空军空天司令部(AFSPC)发布了新的战略规划、研究任务与目标,以确保美国在太空及网络电磁空间(Cyberspace)的持续主导地位。随后,美国空军研究实验室(AFRL)、空军空间与导弹系统中心(SMC)、空军第12和14中队、空军空天司令部确定了实现这一目标所面临的四个长期的关键科学和技术挑战。其中一个挑战是提供全型谱的、成本显著降低的载荷发射能力,可重复使用助推器被认为是能够满足这一低成本需求的有效方案。

美国空军空天司令部要求国家研究理事会(NRC)的宇航与空间工程部对可重复使用助推器系统(RBS)相关技术和方案进行独立审查和评估,以确定是否要在 AFRL 支持下继续开展 RBS 相关研究工作,并评估是否需要启动针对 RBS 研发计划的更大规模的研发工作。

本章简要介绍目前由改进型一次性运载火箭(EELV)承担的国家安全方面航天载荷发射需求和 RBS 计划,分析讨论出现新的可承担由 EELV 完成载荷发射任务的运载服务供应商的可能性。本书中,RBS 表示基本型可重复使用运转器的可重复使用第一级和一次性上面级。本章还介绍了美国空军向 NRC 提出的针对 RBS 的评估要求,以及 NRC 针对此需求所开展的工作。本书第2章中对这些事项进行了详细的描述和进一步的细节阐述。

1.1 国家安全方面的航天载荷发射需求

确保能够可靠地进入空间是国家安全方面的航天载荷的最重要需求,而空军的政治使命是提供这种载荷的发射服务。目前对这类载荷发射任务的资质分配见表 1.1,表中对比了5种不同的功能需求、多种目标轨道,以及在年平均发射率为8次的情况下各类载荷所占比例。目前,EELV 已经能够以非常高的可靠度提供这些载荷的发射服务。但是,按照目前的运载系统发展计划安排,到2030年这些 EELV 将会被淘汰,目前美国空军的一个主要目标是在实现表 1.1

中所列的每年仅约 8 次的平均发射任务需求的前提下极大幅度地降低发射成本,同时保持 EELV 目前已到达的高可靠性。

表 1.1　卫星发射特征参数

卫星类型	轨道类型	使用的 EELV 运载器	年平均发射率
通信	GTO	Atlas V 531	0.64
气象	GTO	Atlas V 501	0.25
	SSO	Delta IV M	0.32
导航	MEO	Atlas V 401	1.96
导弹预警	GTO	Atlas V 411	0.31
	SSO	Delta IV M	2.12
情报	大倾角 LEO	Delta IV M + (4,2)	0.20
	大倾角 LEO	Delta IV H	0.29
	大倾角 LEO	Atlas V 541	0.20
	HEO	Atlas V 551	0.29
	极轨道	Delta IV H	0.29
	极轨道	Atlas V 401	0.16
	GTO	Delta IV M + (5,4)	0.50
	GEO	Delta IV H	0.50
年平均发射率			8.00

注:EELV 为改进型一次性运载火箭;GEO 为地球同步轨道;GTO 为地球同步转移轨道;HEO 为高地球轨道;MEO 为中高度地球轨道;SSO 为太阳同步轨道 LEO 为低地球轨道。数据来源:美国空军空间与导弹系统中心 2012 年 2 月 15 日向评估委员会提交的汇报材料《可重复使用助推器系统的成本,SMC 研发计划》

1.2　可重复使用助推器系统的实现方式及潜在的优势

目前提出的 RBS 概念可以通过合理的飞行器设计、地面设施和操作能力,可靠有效地满足表 1.1 中的载荷发射需求。美国空军和相关航天公司经过分析,提出了采用 RBS 作为一种能够实现表 1.1 中全部发射需求的可行方案,图 1.1 列出了 RBS 操作的概念和流程。

RBS 的一个主要特点就是采用可重复使用第一级和一次性上面级。考虑到操作效率和飞行性能,第一级采用以液氧煤油作推进剂的富氧型分级燃烧循环发动机,基本型的上面级采用液氢/液氧发动机,对于大部分对能量需求较多的发射任务,在上面级的基础上增加一个固体发动机作为最后一级动力(第三级)。正如第 2 章中将要详细介绍的那样,第一级和第二级分离时分离速度的

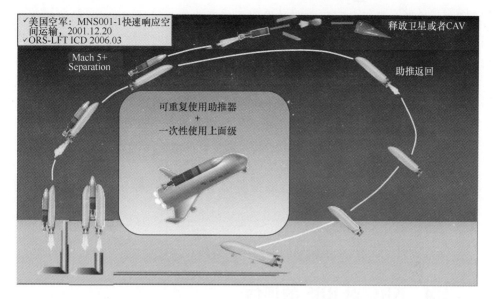

图 1.1　可重复使用助推器和一次性上面级的飞行任务剖面示意图。级间分离后，第一级在火箭动力返回原场机动过程中要进行接近180°的调姿。资料来源：美国空军研究实验室 2012 年 2 月 17 日向评估委员会提交的报告《AFRL 公文：快速响应和可重复使用助推器系统（RBS）》

选取非常重要，分离速度的选取是按照"整个任务成本最小同时操作运营效能最高"的原则来确定的。这与传统的完全一次性运载器单独按照载荷运输能力最大确定分离速度的原则有所不同，这也是 RBS 概念的一个主要特点。

1.3　潜在的新型一次性运载器

美国空军没有向评估委员会提供基于 RBS 的运载模式以外的其他备选方案，但是，很有可能近期会出现能够满足甚至超出美国空军目前由 EELV 承担的载荷发射需求的新型运载器。美国政府责任委员会（Government Accountability Office，GAO）最近向国会提交了 EELV 形势研究报告，报告中指出："美国国内出现了民营商业发射服务供应商，可以满足国防部目前由 EELV 执行的一部分发射任务需求。根据国防部官员的说法，这些新出现的发射服务供应商还没有经过验证，验证其是否具有足够的为重要卫星提供发射服务的可靠性，但是在将来可能会与目前单一来源的 EELV 发射供应商之间达到一种市场占有的平衡。"GAO 的报告也指出美国国防部和国家侦察委员会计划在 2013—2017 年间每年向一次性运载器投入 30 亿美元。

SpaceX 公司的 Falcon 9 是其中一个较为成熟的选择，因为它已经成功飞行了3次,并且在最近向国际空间站发射了货运飞船。另外,SpaceX已经签署了超过20份商业卫星发射合同,并与NASA签署了一份向国际空间站发射更多货运飞船的合同。初步分析表明,采用更高性能的空间推进技术和分解运送载荷的模式,Falcon 9火箭可以承担运送表1.1中大部分甚至全部的空间安全相关载荷发射任务。尽管SpaceX与NASA签订的发射12艘货运飞船合同中的固定发射价格共计16亿美元,飞行器的可实现性和发射空军相关载荷的发射成本还不明确。按照2011年的价格,Falcon 9发射1颗商业卫星的价格是54000000美元。可能更重要的是,商业运载器具有以下三方面优势:

①可以解决或者很大程度上降低美国空军研发一种新型运载器的迫切需求;

②可能比RBS更早投入运营;

③具有更广泛的、竞争激烈的消费用户群体。

1.4 NRC 对 RBS 的评估

针对RBS带来的潜在收益,以及备选发射方式的潜在优势,美国空军委托NRC对RBS开展独立的审查和评估。正如附录A中所述,本报告研究的目的是为美国空军提供一个针对空间与导弹系统中心/美国空军研究实验室(SMC/AFRL)联合提出的RBS概念的综合审查和评估。评估报告要阐述的内容主要包括以下几个方面:

(1)当前RBS计划相关技术文件中使用的标准和假设。

(2)当前RBS成本估计中采用的模型和方法。

(3)针对RBS运营体系进行性能分析时采用的建模方法,包括:①分析中使用的数据;②更换为新数据后模型和方法的鲁棒性。

(4)以前没有使用过的非涉密官方数据的影响。

(5)对RBS应用至关重要的关键部件/系统的技术成熟度。

(6)当前已有的技术发展规划满足RBS技术成熟度发展关键节点(Technical Readiness Milestones)进度的能力。

因此,NRC成立了RBS审查与评估委员会,评估委员会由与当前RBS研究活动无关的专家组成,这些评估委员会的成员均是在航天运载器设计、运营、研究、技术发展及应用、航天系统操作、成本分析等方面的知名专家。评估委员会相关成员的介绍见附录B。

评估委员会在2012年的2月、3月、5月分别召开了评估会议。美国空军针对RBS相关的主要观点在AFSPC、SMC和AFRL提供的研究报告中进行了阐述,支持RBS概念的成本分析工作由航空宇航公司完成。评估委员会征求了

NASA 关于航天运输系统的观点和意见,听取了马歇尔航天飞行中心、肯尼迪航天中心提供的报告和汇报。评估委员会也征询了工业部门的意见,听取了 4 个商业宇航公司的意见,包括 1 个运载系统公司、2 个动力系统供应商、1 个小型航天公司。所有提供报告和汇报材料的单位列表见附录 C。

根据提供的材料以及其他可用的公开信息,评估委员会的专家对材料进行了分析,结合专家的个人经验和技术专长,评估委员会给出了本文描述的评估发现、结论以及推荐建议。这些审查发现、评估结论和推荐的研究建议代表了整个评估委员会针对 RBS 概念的一致性意见,本报告的大部分内容是用来支撑评估委员会的这一观点的。

1.5 评估报告的框架

本书第 2 章介绍了 RBS 概念、发射方式、基本运营方案;第 3 章和第 4 章分别评估了提交给评估委员会的 RBS 方案的技术可行性和经济性能;第 5 章介绍了围绕 RBS 计划潜在的应用前景;第 6 章介绍评估发现的结果和相关建议。附录 E 介绍了美国在 RBS 之前开展过的重复使用飞行器的研发情况;附录 F 介绍了评估委员会关于 RBS 助推器设计过程中可操纵性方面的主要观点和建议。

第 2 章
美国空军对 EELV 型运载器的需求和实现方案

本章简要总结了 RBS 项目基线方案的原则和假设,包括整个系统的需求、计划推进安排、技术途径、商业运营案例的分析总结,并简要讨论了其他最近发展的相关运载器计划。

2.1 综述

本报告的聚焦点是为可承担目前 EELV 类发射任务的运载器及上面级的备选方案进行评估,标称的 EELV 发射任务的频率和载荷质量在第 1 章中已经进行了简要介绍。确保涉及国家安全的载荷有效进入空间是 EELV 类发射任务的首要需求,具有强大的纲领性和技术影响力。在任何新型运载能力的研发和分阶段引进(预计约 5 年)过程中,对 EELV 运载器还将有迫切的任务需求,这将需要大量的预算支出。美国空军的政策是为第 1 章中所述的全部任务范围的载荷提供运载能力,这就需要赤道和极轨道运载器,并需要大范围的载荷质量覆盖能力。另外,美国空军还要求保持 EELV 目前的高可靠性水平(目前已经达到超过 30 次发射不发生一次失败的水平),并且对于第 1 章中所述的发射任务,与 EE-LV 运载器相比,采用新型运载器将能够大幅度降低发射成本。

美国空军提出了一种基于 EELV 的快速响应发射系统方案,为了实现快速周转功能,该方案中采用了简化设计的运载器、发射台和操作流程。美国空军在最近公布的一项申明书(轨道或亚轨道计划)中提出了需要能够将多达 9077.8kg 载荷运送到近地轨道的运载能力,这将是美国空军应急响应发射任务的主要载荷运送需求区间。同时,美国空军对美国运载器工业基础的健康状况和未来发展非常关注,提出了未来航天发射服务要引入竞争机制,特别强调为实现满足其任务需求,美国空军的发射任务市场对可重复使用运载器和新型一次性运载器均开放。目前正在考虑采用不同的 RBS 方案,将在 2031 年之前逐步淘汰一次性运载器。目前还没有确定出占绝对优势的系统方案,潜在的竞争形势、RBS 与美国其他航天部门的关系等都有可能影响方案筛选。

美国空军空间与导弹系统中心、美国空军研究实验室以及航空宇航公司(Aerospace Corporation)已经对可满足需要由 EELV 承担的发射任务的相关方案进行了广泛而深入的评估,这些评估结果中将会增加一部分最近委托工业部门开展的经济性分析。经过评估,RBS 是有可能最大程度满足低研发风险、降低复用成本的最佳方案,与 EELV 相比,RBS 可将复用成本降低 50% ~67%。

图 2.1 展示了 RBS 包含的基本飞行器构型,共有三类构型:可重复使用助推器验证机(RBD)、由 1 个可重复使用助推器和 1 个一次性上面级构成的中等推力运载器、由 2 个可重复使用助推器和 1 个一次性上面级构成的重型推力运载器。所有的 RBS 飞行器构型方案中都是无人的且全自主操作。正如第 1 章所述,RBS 概念包括一个可重复使用第一级(图 2.1 所示的重型推力运载器方案中包括 2 个可重复使用第一级),这个可重复使用第一级在速度达到 $Ma=3.5$ ~7.0 时与 1 个或多个一次性使用上面级分离,之后采用其中一个第一级火箭发动机工作实现火箭动力返回发射基地。最重要的是,分析速度和分离高度的选取不是以可运送的载荷能力达到最大为标准的,而是以整个飞行器的成本和风险最优为选择依据的。美国空军宣称 RBS 的最主要潜在优势包括:通过可重复使用第一级的回收降低成本、相应地降低一次性硬件的使用、更高效的地面操作。

RBD 是一个美国空军提出的中等规模缩比 RBS 验证机,是目前研究计划和全尺寸 RBS 之间的中间研制阶段。RBD 将会采用单个 NK – 33 LO_2/RP 富氧型 ORSC 火箭发动机作为可重复使用第一级的动力。RBD 将首先用于验证包括一次性上面级分离等在内的火箭动力 RTLS 机动带来的显著影响。搭配采用一台 Castor 30 或者一台 Star 63 发动机的固体上面级作为小型一次性使用上面级(SES)后,RBD 可以将小卫星送入 LEO。

中等规模推力的 RBS(图 2.1(b)构型)由 1 个全尺寸可重复使用助推器和 1 个大型一次性使用级(LES)构成。可重复使用助推器的基本方案中采用 5 个 AJ – 26 火箭发动机,AJ – 26 是一个美国版本的俄制 NK – 33 火箭发动机,这些发动机采用液氧/碳氢燃料(如 RP – 1)并使用了 ORSC 循环方案。LES 的基本方案中采用单台液氧/液氢燃料的 RS – 25E 火箭发动机,这个 RS – 25E 发动机是 NASA 正在为空间发射系统(SLS)研制的航天飞机主发动机的一次性使用版本发动机。

重型推力 RBS 构型(图 2.1(c)方案)由 2 个可重复使用助推器、1 个 LES 和 1 个固体推进的第三级构成。这一构型是针对美国空军未来发射最大的国家安全载荷而专门研制的,这一方案由于采用两个需要同时分离并且在同一空域进行 RTLS 机动的可重复使用助推器而变得更为复杂(增加了很多独特的复杂性)。

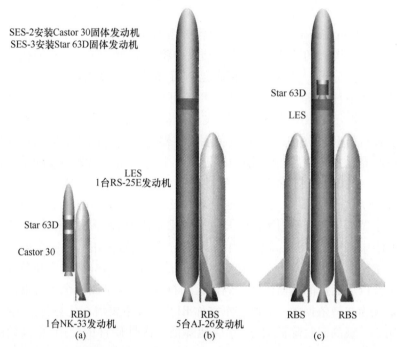

SES-2安装Castor 30固体发动机
SES-3安装Star 63D固体发动机

Star 63D
LES

LES
1台RS-25E发动机

Star 63D
Castor 30

RBD
1台NK-33发动机
(a)

RBS
5台AJ-26发动机
(b)

RBS   RBS
(c)

图2.1　RBS 的基本构型方案。需要注意的是,采用 RBS 与一次性上面级组合发射重型载荷时需要并联第一级助推器,增加了系统的复杂性。资料来源:美国空军空间与导弹系统中心 2012 年 2 月 15 日向评估委员会提交的汇报材料《可重复使用助推器系统的成本,SMC 研发计划》

　　除了上面提到的三类构型方案外,AFRL 正在主动探索支撑 RBS 的相关技术,这些技术包括碳氢燃料助推器技术、集成飞行器健康管理(IVHM)、自适应制导控制(AG&C)。AFRL 也正在资助一项名为 Pathfinder 的缩比验证机,这一验证机将通过一系列早期飞行测试对包括推进剂管理策略在内的火箭动力 RTLS 机动方案进行调查、摸底。尽管 AFRL 资助的相关活动并不是 RBS 研制计划的一部分,但是这些工作对更大规模的 RBS 研发活动提供了重要的信息。

2.2　RBS 研制安排及预期的成本概述

　　美国空军和航空宇航公司对 RBS 计划多个环节的成本和研制节点安排进行了系统的评估,第4章给出了详细的成本评估情况介绍。除了 AFRL 资助的缩比 Pathfinder 之外,RBS 基本方案的成本中包括一个 RBD 和一个由一个或两个助推级构成的可运营型运载器(可投入工程运营状态)。基本的 RBS 产品体系包括两个 Y 飞行器,这是预先制造的全尺寸模型样机,具有与实际运营的 RBS 相同的质量特性和动态特性,这些飞行器在做完全部试验后将转为实际运营的 RBS 飞行器。

图 2.2 给出了 EELV 和基本型 RBS 计划每年的复用成本对比。对于基本型产品体系,RBS 每年的复用成本估计结果(图 2.3)约是 EELV 的 47%。单纯操作成本和生产成本分别约为 60% 和 36%。在成本估计研究方面,建议通过 Pathfinder 和 RBD 飞行器的实际飞行来验证成本研究的方法并进一步提高对成本和操作流程的估计效果。第 3 章和第 4 章分别介绍了主要的技术方面、相关的节点安排和成本估计结果。

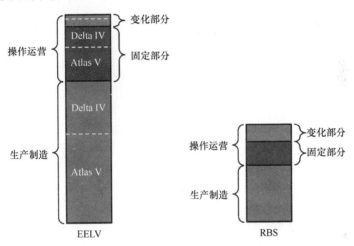

图 2.2　基于美国空军航天与导弹系统研究中心成本估算结果得到的改进型一次性运载火箭 EELV 与可重复使用助推器系统 RBS 每年的复用成本对比。需要注意的是,RBS 是通过减少一次性使用硬件和地面操作成本来实现成本降低的。资料来源:美国空军空间与导弹系统中心 2012 年 2 月 15 日向评估委员会提交的汇报材料《可重复使用助推器系统的成本,SMC 研发计划》

为了评估承担目前由 EELV 完成的发射任务的 RBS 方案的全寿命周期成本和 RBS 研制节点,美国空军和航空宇航公司对 RBS 项目的多个环节进行了评估。在基本环节的成本模型里,分析的飞行器包括 1 个 RBD 和配有 1 个或 2 个可重复使用助推器的实际运营型运载器。成本估计中并没有包含一个名为 X 的、在设计上非常接近运营状态 RBS 的飞行器,该飞行器的成本估计约 4 亿美元并且需要 6 年时间完成制造和全部测试。基本的 RBS 产品体系中确实包括了 2 个 Y 飞行器(原理样机,试验用)。

图 2.3 分别给出了完全一次性运载器、完全可重复使用运载器和 RBS 运载器方案 20 年生命周期成本(LCC)和复用成本(RLC),从图中可知 RBS 在每年

飞行 5 ~ 50 次的频率区间内可以得到很大的 LCC 和 RLC 优势。采用以下两种途径可以使风险最小化：

（1）选择使第一级具有相对良好返回环境的级间分离条件，这将会大幅降低操作需求和运行成本；

（2）相对于一次性运载火箭，由于可重复使用性要求，运载器性能对第一级干重的敏感性将会增加。

当然，RBS 毫无疑问将会带来一些新的概念，这包括与火箭动力返回原场机动 RTLS、不对称或并联飞行器分离、一级和二级硬件研发、附加操作、设计操作性能满足情况和预期成本等相关的风险。

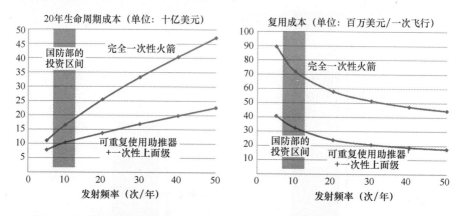

图 2.3 飞行器全寿命周期复用成本对比。针对美国空军需要的每年 8 ~ 12 次的发射频率，美国空军空间与导弹系统中心估算出的结果表明，与一次性运载火箭相比，采用可重复使用助推器系统后每次发射的成本可降低 4000 万美元。资料来源：美国空军研究实验室、SMC 研发计划理事会于 2012 年 2 月 17 日向评估委员会提交的汇报材料《航天运输研发计划》

2.3 RBS 技术途径综述

本节将对 RBS 计划基本方案的主要技术方面进行简要介绍，包括飞行器的操作流程和基础设施、研究与开发（R&D）飞行器以及相应的地面研发支持技术。以下的介绍和结论是基于 2012 年 5 月之前提供给评估委员会的材料给出的，目前对 RBS 的评估还在进行，所采用的方法也有待改进。

图 2.1 介绍了 RBS 计划中飞行器的基本构型。在 RBS 计划中，将采用两个不同的飞行器开展缩比飞行试验，在全面开展全尺寸实际运营型飞行器研制之前，提前验证整个操纵流程。支持 RBS 研制的 R&D 项目的细节将在第 3 章中详细介绍。

2.3.1 RBS 飞行器的操作流程和基础设施

2.3.1.1 飞行轨迹

美国空军的分析师称,采用第一级 RTLS 配合一次性上面级的方案将会使任务成本、可靠性、飞行性能都达到最优。RTLS 的可选方案包括滑翔返回、火箭动力返回、航空动力返回。由于以下原因采用了火箭动力返回的方案:无动力滑翔返回将会使上面级的规模非常庞大、航空动力返回方案将需要配备额外的航空动力系统。

图 2.4 给出了火箭动力 RTLS 机动飞行的典型轨迹,图中的轨迹是在速度分别为 $5.5Ma$ 和 $6.4Ma$、高度约为 48.76km(160kft)的条件下分离得到的飞行结果,给出了射面内(in-plane)火箭动力 RTLS 机动的两个变量。在两个轨迹中,分离后飞行器进行姿态机动并且一个或更多个发动机持续点火工作,从而用发动机推力抵消飞行器的纵向速度,并为后续无动力返回飞行段提供足够的冲量。对于图示的轨迹,在纵向射程 153.81km(83nmi)、高度分别约为 60.96km(200kft)和 76.20km(250kft)处火箭发动机关机(RECO)。

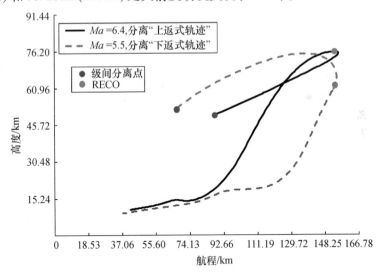

图 2.4 典型火箭动力返回原发射场的典型机动轨迹。分别以 $5.5Ma$ 和 $6.4Ma$ 在约 48.76km(160kft)高度进行级间分离,返回助推的主发动机分别在 60.96km(200kft)和 76.20km(250kft)二次关机。可重复使用助推器由最大航程约 153.81km(83nmi)处开始无动力返回飞行。资料来源:B. M. Hellman, A. Ngo, and J. Wallace,"Technical Challenges for an Integrated Reusable Booster System Flight Demonstrator," AIAA-2010-8668 in AIAA SPACE 2010 Conference and Exposition, AIAA, Reston, Va.

通常,典型的级间分离速度在 $Ma3.5 \sim Ma7$,因为较低的分离速度将会使需要配备的上面级规模非常庞大；更高的分离速度会使第一级返回时面临严重的大气加热和结构动态环境，这就需要增加热防护系统、更严格的结构指标要求和更高的操作成本。

图 2.5 给出了典型的折中结果，这表明一次性干重是分离速度的函数。正如第 4 章要讨论的那样，参数化的成本估算模型在很大程度上是以干重为输入信息的，因此总的干重可以看作是成本的一个表征量。级间分离非常复杂，并且在很大范围内对耦合的轨迹（整个飞行轨迹）和可供选择的飞行器设计方法非常敏感。级间分离也是公认的导致发射失败的第二大原因，这种大型的、非对称系统的分离非常有难度，需要在 RBS 的分离方案、助推器与上面级的连接点以及由此带来的载荷特性等方面进行科学决策、合理选择。研究分析的结果表明，分离速度低的话一次性上面级将会非常庞大，导致复用的成本增加。但是，分离速度越高就需要在可重复使用第一级上安装热防护系统，这将增加第一级的质量并会明显降低地面操作的效率。

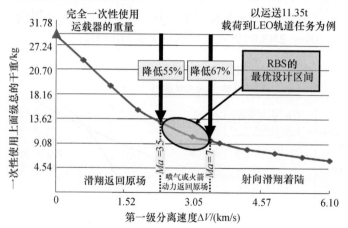

图 2.5　一次性上面级的干重与分离速度关系。资料来源：美国空军研究实验室、SMC 研发计划理事会于 2012 年 2 月 17 日向评估委员会提交的汇报材料《航天运输研发计划》

级间分离后，一次性上面级将载荷运送到适当的轨道。第一级将接着进行机动飞行，使得单台主发动机能够节流降推力以便为推进剂管理提供合理的加速度特性，通过节流推力工作消除纵向速度并为 RTLS 提供足够的速度。整个机动飞行需要经历约 180° 攻角的飞行状态，在这些飞行状态下，计算模型没有经过验证而且目前的地面风洞试验中尚无法合理地模拟这种飞行状态。整个机动过程中需要关闭一些发动机并且对其中至少一台发动机采取深度节流措施。对于提出的 RTLS 方案，其他附加的处理操作包括推进剂管理、气动交互影响、羽流负载、飞行器稳定性和控制等方面。最后，主发动机关闭，飞行器滑翔返回并在发射场水平着陆。最后需要再次明确强调，滑翔返回阶段的相关技术已经通过航天飞机、X-37、X-40等类似的飞行试验经验进行过充分的验证。火箭有动力返回原场的机动飞行在以往的运载器上没有进行过,被视为是目前提出的 RBS 项目研制计划中风险水平最高的一个环节。

2.3.1.2 一级飞行器

图 2.1 给出了 RBS 的第一级和上面级的构型。为了使研发和制造成本最小,只设计了一款第一级,这一款第一级就可以满足所有的目前还很有活力的 EELV 类飞行器所承担的发射任务需求,目前 EELV 所承担的发射任务可以采用两个反向对称安装的助推器和一个上面级的构型方案来实现。

RBS 基本构型方案中代表性的第一级采用钝头外形、双三角翼布局,长约为 32.91m(108ft)、直径约为 5.18m(17ft),装载 408.50t(900000lb)的 LO_2/HC 推进剂。这些推进剂没有选用 LO_2/LH_2 是为了节约整个系统的地面操作时间和成本,降低飞行器的干重和体积规模。也对第一级分级燃烧发动机采用 LO_2/LCH_4 的燃料方案进行了评估,结果表明 LO_2/LCH_4 燃料的发动机也可以获得与成熟度更高的 LO_2/HC 发动机相同的任务性能,但是 LO_2/LCH_4 燃料发动机方案将会使飞行器的干重和预算成本更高。

采用 ORSC 发动机循环方案而不采用富燃、燃气发射器循环方案,主要是基于以下两方面原因:①性能更高;②大幅降低燃料焦化,这种焦化将会导致操作失效和可重复使用性的问题。ORSC 发动机已经在俄罗斯和中国制造并应用过,欧洲各国、印度、韩国也在研究和研发试验。俄制的 RD-180 发动机已经成功地应用于 Atlas Ⅲ、Atlas V 火箭,俄制 NK-33 发动机计划在近期应用于轨道科学公司的 Antares 运载器。俄制 ORSC 发动机也计划应用于 RBS 项目的早期研制中,比如 RBD 飞行器上将采用 NK-33 作为基本方案。Aerojet 公司已经拥有了 NK-33 发动机,并对其进行了升级改造,引入了现代化的故障诊断和控制系统。目前确定的基本型操作运营型 RBS 飞行器方案中,将采用 5 个 AJ-26 发动机,这是上述 NK-33 发动机的美制版本。AJ-26 发动机将会是完全在美国制造,海平面推力为 1503.50kN(338000lbf)、海平面比冲为 297s。美国目前为止没有研制过 ORSC 发动机,但是最近约 10 年来一直在进行生产美制 RD-180 和 NK-33 发动机的可行性评估工作。在 RBS 计划中,可重复使用的美制 ORSC 型 LO_2/HC 发动机是主要研发工作之一,第 3 章将会详细介绍其中的技术挑战和攻关方向。

2.3.1.3 上面级

如图 2.1 所示,对于 EELV 类任务将计划采用单台 LO_2/LH_2 LES 发动机,对于市场需求旺盛的 EELV 类发射任务,将搭配一个固体 Star 63D 型发动机作为第三级。基本型 LES 长约为 39.62m(130ft)、直径约为 4.57m(15ft),干重约为 17.61t(38800lb),将装载超过 154.32t(340000lb)的推进剂。作为参照,LES 所携带的推进剂分别约为 Saturn SIV – B 级携带推进剂量的 1.4 倍,约为 Delta IV 通用助推器芯级(CBC)推进剂量的 0.76 倍。尽管还在考虑 RD – 0120、J – 2X 等发动机方案,目前确定的基线方案中单台 RS – 25E 发动机的海平面推力约为 1868.3kN(420000lbf)、海平面比冲约为 350s。LES 通过 4 个结构释放装置与第一级连接,前部 2 个、后部 2 个。分离过程中关掉第一级除主发动机之外的其他发动机,在推力下调的状态(节流状态)启动上面级的 RS – 25E 发动机。当助推器的推力状态达到标称的分离后应达到的加速度水平时,LES 和助推级分离,一旦与助推器分离,RS – 25E 发动机的推力就调整到标称的满负荷状态。当气动和热载荷满足条件后,LES 进行整流罩分离,之后 LES 将载荷送入任务要求的预定轨道。

除了外形尺寸、结构布局和发动机外,LES 的设计和系统需求与 EELV 上面级的设计和需求非常相似。推进剂贮箱必须能够承受侧向安装和分离载荷力作用,与有着相似规模的 CBC 贮箱一样。LES 的力学载荷将会与 Delta IV – H 的载荷不同,但是载荷作用路线是相似的,CBC 采用的分析技术很可能非常适用于 LES。LES 与 CBC 的推进剂输送和管理子系统非常相似,除了 LES 的发动机推力明显低一些外没有区别,而且两个飞行器上采用的都是单摆发动机。LES 所需要的其他硬件部分,包括整流罩、有效载荷分离、推力矢量控制、航电和遥测、反作用控制子系统等看起来与 EELV 上面级的配置都非常相似。与 EELV 不同的是,第一级助推器将要配置独立的航电系统,但是 LES 的软件函数和功能将会与 EELV 的上面级非常相似。

2.3.1.4 操作运营

RBS 研制计划的基本操作需求是能够适应平均每年从卡纳维拉尔角空军基地(CCAFS)和范德堡空军基地(VAFB)发射 8 次。为满足这一操作运营需求,计划共研制 8 架 RBS 飞行器(包括 2 架由 Y 飞行器转换/改造来的飞行器),将分别在 CCAFS 和 VAFB 各布置 4 架。基本的运营方案是假设每飞行 10 次进行一次机务维护、每飞行 20 次进行一次 RBS 发动机修缮。第一级的可重复使用性目标是主发动机可重复使用 20 次、整个飞行器可重复使用约 100 次。正如前文所述,EELV 类任务已经明确提出要进行"遂行发射"(Launch – on – Schedule),因此不需要快速地面再处理的过程。在一次发射任务中,无人驾驶的助推器需要具备快速自主评估其健康状况的能力,识别出性能下降和失效的子系统,并进行相应的修正操作。这些操作包括完成标称任务、牺牲有效载荷进行第一级的回收、牺牲第一级助推器确保将有效载荷送入轨道三大类,需要研制 AG&C 和 IVHM 系统来提供这些功能。

在成功完成一次发射任务后,可重复使用助推器将返回并在发射基地的着陆跑道上水平着陆。需要处理的燃料应该是无毒无危险的,以避免需要配备自供大气的全套防护服,而且整个助推器的设计需要保证能够对主要子系统进行有效操作处理和能源供应/激活。另外,为了确保适当的飞行控制能力,IVHM系统的设计需要满足地面维护过程中的人力使用需求最小。

LES、整流罩、有效载荷的生产将与 RBS 的研制并行开展。LES 的地面处理与目前 EELV 所采用的流程非常相似,最终的地面操作将包括整个 LES、有效载荷的组合体与 RBS 助推器的总装、自动化的系统测试检查、向发射台的转运、推进剂加注以及发射。

由于 EELV 的按需发射需求已经在 8 架 RBS 助推器产品列表确定时进行了综合考虑,不需要新增操作性需求。正是因为缺少操作性需求,也不需要追求其实现有效的助推器可重复使用性。如果美国空军要求 RBS 具有这一能力,就需要指定特殊的操作需求,这将会在助推器设计时加以考虑,以确保有效的地面周转操作。附录 F 基于从航天飞机运营过程中学到的经验,对操作性应考虑的因素进行了深入讨论。

2.3.1.5　基础设施

RBS 项目的基本构型方案中,包括在 CCAFS 新建 1 个发射台、改造 1 个发射台,在 VAFB 改造一个发射台。RBS 项目所需 3 个发射台中,对 CCAFS 和 VAFB 的 2 个 Atlas V 火箭发射台的改造可满足其中 2 个发射台的基本需求。3.7 节介绍了这些采用不同 Atlas 地面处理技术的已有发射过程中的复杂流程。基于 RBS 项目的处理方法,为满足 RBS 的需求对这些发射设施的改造费用将会非常庞大。相应的基础设施包括一个任务控制中心、运载器处理厂房、固体发动机处理/存贮厂房、地面保障设备(GSE)、多功能的综合检测厂房、存贮厂房。在实际运营过程中,基于通用化设计的备份产品厂房也是必需的。在 RBS 项目规划中,也必须要考虑开展复杂设备的安装问题,包括发射场的准备、使用、运输路线及相关活动。飞行器水平或者垂直总装测试处理流程是已经论证过的两种方案,具体选用哪种处理流程取决于厂房、GSE、人力成本等的折中考虑。飞行器各部件制造厂房的位置选取还没有确定(目前还是个开放性问题),但是可能是研制计划和生产成本要考虑的一个重要方面。

2.3.2　研究与开发飞行器

除了 AFRL 资助的 RBS Pathfinder 之外,基本的 RBS 项目研制计划还包括一个可重复使用助推器技术验证机 RBD。下面将简要讨论 Pathfinder 和 RBD 的研制目标和具体途径。

2.3.2.1　RBS Pathfinder 研发飞行器

RBS Pathfinder 项目的整个目标是为 RBS 在操作性方面提供及时的和有效降低成本的相关信息,这些操作性可能是在实际飞行条件下可实现的,包括火箭动力返回周转机动和 RTLS 操作。Pathfinder 项目是 AFRL 和 SMC 联合开展的,预计经费约 5700 万美元。Pathfinder 将开展垂直起飞、水平着陆和 RTLS 机动飞行,飞行条件将包括攻角超过 ±180°、分离时刻马赫数从 3.5~7.0,动压超过 4790Pa(100psf),调姿旋转速度涵盖 20(°)/s~30(°)/s。Pathfinder 将要验证的系统级项目包括推进剂管理(特别是在旋转机动过程中的推进剂管理)、主发动机节流、飞行器的飞行载荷、对 AG&C 及 IVHM 方法的首次飞行验证。飞行过程中经历的气动现象变化范围非常宽,给已有的用于预测和指导设计、研制和飞行验证阶段的气动计算模型带来了新的和更为困难的技术挑战。关于 Pathfinder 的 RTLS 机动和消除风险的相关技术细节将在 3.3 节中进一步详细讨论。

2.3.2.2 RBD 验证飞行器

RBD 是 RBS Pathfinder 和最终运营型 RBS 之间的一个过渡状态,目前对于 RBD 的相关方案和技术细节定义与 Pathfinder 相比还不够明确清晰。其主要目的是为了采用更接近全尺寸 RBS 助推器的飞行器来验证火箭动力返回和 RTLS 机动飞行,并验证再次飞行之前快速的地面周转和处理操作流程(美国空军向评估委员会还提供了另外一个名为 RB – X 的飞行器方案,但是在 RBS 的基本型方案中,只包含了 RBD)。RBD 是实际运营型 RBS 的中等规模缩比版本,其基本构型方案是一个可重复使用助推器,采用一台 NK – 33 主发动机并且侧向并联安装 Castor 30 和 Star 63D 固体上面级发动机,计划的飞行测试项目包括 9 次亚轨道飞行和 1 次轨道飞行任务。正如前文所提到的那样,基本的 RBS 项目规划中也包括 2 个 Y 飞行器,这 2 个 Y 飞行器是将用于进行高保真试验的 RBS 验证机,在全部测试试验完成后将会经过处理转为实际运营的飞行器来使用。

2.3.3 RBS 地面研发

AFRL 正在开展地面状态的研发工作,以支持主要的 RBS 技术研发。R&D 研究涵盖了表 2.1 中的相关方面。

表 2.1 RBS 地面研发的内容

RBS 地面研发项目	内容
富氧型分级燃烧(ORSC)碳氢燃料发动机	使美制 ORSC 发动机具有可接受的性能、寿命、可靠性、成本,需要进行长期的工业投入
返回发射场	对 RBS 飞行全程的模型和所需的硬件进行充分的研发/验证,需要适量的风洞测试
自主制导控制	RBS 各个飞行阶段所需的先进控制技术

RBS 地面研发项目	内容
飞行器综合健康管理	与各个飞行阶段的自适应制导控制集成并为地面操作提供便利
地面操作	包括为验证设计和操作的有效性所开展的试验、子系统维护、推进剂管理、飞行器总装
先进子系统	根据 RBS 的需求对结构、动力、热防护、作动器子系统进行折中设计和处理

AFRL 预计整个 RBS 地面研发将从 2012 财年持续到 ORSC 发动机研制完成的 2020 财年,总的资源和经费需求约为 53800 万美元。从美国空军提交给评估委员会的材料来看,目前可供用于 RBS 地面研发的资源还不明确。

2.4 附加的项目级(纲领性)考虑

2.4.1 外部计划考虑

基本的 RBS 项目研制计划中明确表示其需要的唯一一个外部项目支持就是要求 NASA 为 RBS 保持 LO_2/LH_2 上面级发动机(RS – 25E)的生产线。这个生产线与 NASA 的 SLS 计划相关,目前由一个规模正在缩小并有可能发生所有权转让的美国实体机构掌管。美国空军没有向评估委员会说明 NASA 对 RS – 25E 型发动机的支持力度不足或者供应商的所有权状态发生变化可能带来的后果。

美国空军 RBS 计划和其他项目间仍然存在多个有效和有价值的合作机会,特别是在为 RBS 项目获得更多的经费支持方面。潜在的合作方向包括材料、燃烧稳定性、ORSC 可重复使用发动机的性能模型、RBS 的气动力/热/羽流/附加载荷等的验证模型、RBS 的动力/热防护及其他子系统。

2.4.2 工业基础

美国空军将经济可承受性和工业基础视为是美国航天发射面临的最大挑战。美国空军没有向评估委员会提供材料证明如果 RBS 项目取得成功,能够为整个美国航天系统和操纵运营相关的工业基础带来多大影响。规划的 RBS 项目(包括地面 R&D、飞行工作)以及 EELV 和 RBS 项目的交叉和重叠,毫无疑问将会在很长一段时期内对很大范围内的工业基础产生显著影响。但是,目前的RBS Pathfinder项目将会在上述第一阶段工作完成后选取单独一个合同商/合作伙伴。目前还不清楚主要的RBS操作运营部分的供应商数目,但是RBS项目基线方案的可用成本数据表明,成本数据的估算并没有假设这些系统要由多个供应商来提供。这就表明,对于成功的RBS项目计划,其结论是:将RBS用于完成EELV火箭可以完成的这类发射任务时,所需要的工业基础与支持目前EELV计划的工业基础将是非常类似的。

2.5 与 RBS 类似的可重复使用运载器

近年来,已经有大量的可重复使用运载器(RLV)项目研制计划。与RBS最相关的是航天飞机、国家空天飞机(NASP,X-30)、洛克希德·马丁X-33、Kistler的K-1,将这些项目与美国空军提出的RBS项目进行对比将是非常有意义的事情。另外,SpaceX公司Falcon 9所采用的可重复使用方式也在考虑当中(其他组织也在可重复使用的概念上启动了大量工作,但是没有建造或者测试全尺寸概念机)。表2.2列举了RBS和相关RLV计划的一些显著特性。

RBS项目的任务需求和所采用的方法与以往的RLV项目有着显著的不同,其中一些主要差异可参见表2.2。所有这些RLV项目都要求能够载人,这就对整个飞行器的设计强加了非常苛刻的要求,进而严重影响飞行任务的性能和成本。RLV的上面级设计成是可回收复用的,这就意味着它们必须能够承受严苛的再入环境。相对于RBS采用的方法,这就增加了上面级的复杂性和重量,实际上,也增加了地面操作处理的需求和成本。RBS是表2.2所列的多个飞行器概念中唯一采用可重复使用第一级和一次性使用上面级的方案,相对于传统的追求性能最优的方法,RBS采用的这种方案使得降低成本的飞行器和任务方案有了更多的选择。其他的主要不同包括NASP和X-33的单级入轨、航天飞机的纵向回收,以及主要子系统比如第一级推进系统等。需要明确的是,大部分RLV项目在启动的时候就需要有一些没有经过飞行条件验证的分系统或部分,这与目前提出的RBS项目非常相似,通常这种情况会带来不可预期的成本支出。总体而言,RBS和RLV的这种不同使得两者的可比性不够强,在两者之间做以对比结论需要非常慎重。关于航天飞机、NASP(X-30)和冒险星(X-33)的进一步讨论分析见附录E。

表 2.2 RBS 与 RLV 的主要特性对比

项目名称	用户	是否载人[1]	可重复使用部分	发射任务类型	最终的目标轨道	上面级是否可重复使用	项目启动时 TRL<6 的主要分系统
航天飞机	NASA	Y	轨道器和固体助推器[2]	TSTO[3]	LEO	Y	可重复使用固体助推器、分级燃烧发动机、再入热防护、VTHL、RTLS、地面处理操纵
国家空天飞机 X-30	美国空军/NASA	Y	整个飞行器	SSTO	LEO	Y	吸气式推进系统
洛克希德·马丁 X-33	NASA	Y	整个飞行器	SSTO	LEO	Y	SSTO、Linear Aerospike Engine、推力可调节 TVC、EMA
Kistler K-1	多家单位	Y	第一级和第二级	TSTO	LEO~GEO	Y	可重复使用 TSTO、着陆回收
SpaceX[4] Falcon 9	多家单位	Y	第一级和第二级	TSTO	LEO~GEO	N	
RBS	美国空军	N	仅第一级	TSTO[5]	LEO~GEO	N	可重复使用 $LO_2/RP-1$ ORSC 火箭发动机、火箭动力返回原场机动、RTLS 地面处理操作

① 助推器的设计考虑了潜在的载人飞行的需求;

② 固体助推器在射向进行回收;

③ 主推进剂贮箱是一次性使用的、固体助推器在射向进行回收;

④ 目前描述的是针对 Falcon 9 火箭。SpaceX 正在研发 RTLS 概念飞行器;

⑤ 主要的核心子系统/处理流程没有在飞行条件下进行验证

注:EMA 为机电作动器;GEO 为地球同步轨道;LEO 为近地轨道;ORSC 为富氧型分级燃烧;RTLS 为返回发射场;SSTO 为单级入轨;TPS 为热防护系统;TRL 为技术成熟度;TSTO 为两级入轨;TVC 为推力矢量控制;VTHL 为垂直起飞/水平着陆

第 3 章
RBS 方案的技术评估

针对 RBS 方案的评估工作,主要目的是阐明与 RBS 应用相关的主要关键技术和系统的技术成熟度,以及当前的技术发展计划及其进程是否能够适应 RBS 发展规划中的里程碑式节点。本章将对这些关键系统进行识别,阐述其技术成熟度,识别技术风险,以及寻找降低相关风险的可能途径。

美国空军的 RBS 项目相关的综合性说明材料由 AFRL、美国空军空间与导弹系统中心(SMC)和航空宇航公司提供。根据 AFRL 提交给评估委员会的材料,为实现最终的可以投入飞行运营的 RBS,RBS 在系统级层面上的技术发展分为三个阶段。其中包括首先建造一个缩比的 Pathfinder 飞行器并计划在 2015 年进行飞行试验来验证火箭动力返回转弯的 RTLS 和水平着陆的可行性。如果 Pathfinder 确实取得了成功,RBS 的下一步就是更大比例的中型缩比可重复使用助推器验证机 RBD[长约为 19.20m(63ft)、干重约为 11.53t(25400lb)]。RBD 将验证基于富氧型 ORSC 的主推进系统(MPS)(用一台 NK-33 或者 AJ-26)以及从非常低成本的 Pathfinder 到中等尺寸 RBD 的气动可测量性。根据 AFRL 确定的发展计划,RBD 验证之后是另外一个中型尺寸的飞行器,名为 RBX。但是,根据 SMC 提交的基线方案,计划从 RBD 直接迈向全尺寸的 RBS 设计、研发、测试和验证(DDT&E)计划。

3.1　主要部分的技术成熟度评估

如果认为通过第一级的重复使用可以显著地降低航天运输成本,那就很有必要对研制 RBS 可重复使用第一级所需的技术是否能够通过一个成本可接受的研发和验证计划来实现进行综合决策。为了回答这一问题,就要首先识别需要研发的新技术、与这些研发相关的风险以及需要采取的风险降低/消除计划。

正如第 2 章所述,RBS 需要研发能够实现可重复使用第一级火箭动力返回原场机动的技术,在回收的第一级进行下一次飞行之前需要对其可重复使用性进行检查确认。评估委员会认为,为满足这一需求,需要在四个主要风险区域进行技术研发：

（1）高性能碳氢燃料助推发动机；

（2）火箭动力 RTLS 机动；

（3）综合飞行器健康管理（IVHM）；

（4）自适应制导与控制（AG&C）。

次要的技术风险区域包括：

（1）能够承受飞行载荷的轻质结构；

（2）鲁棒的能源/动力、燃料、作动器系统；

（3）先进组装和制造技术；

（4）上面级 LO_2/LH_2 发动机。

由于这些技术必须应用于一个新构型的飞行器并且要经历一个以前飞行器从来没有飞行过的任务剖面，因此，对这些技术的应用将会带来一些风险。

对于这些意识到的风险，需要采用包括分析和测试在内的多种努力来不同程度地降低风险，以达到切实推进 RBS 实质性研发所需的技术成熟度水平。其中的一些技术主要应用于可重复使用飞行器，其他一些技术有可能用于未来的一次性运载器。表 3.1 总结出了具有高风险的技术及其对应的应用区域。

表 3.1　等级最高的技术风险

风险区域	风险项目	可重复使用	一次性
碳氢燃料助推发动机	燃烧稳定性	X	X
	富氧分级燃烧	X	X
	推力平衡	X	X
	基于物理特性的解析预测模型	X	X
	喷射器	X	X
	富氧环境下的材料/涂层	X	X
	涡轮机	X	X
	长寿命涡轮泵	X	
	瞬变现象	X	X
	飞行器总装相关的需求	X	X
火箭动力返回发射场机动	晃动与推进剂管理	X	
	羽流干扰效应	X	
	热管理	X	
	深度节流	X	
	结构动力学	X	
	气动特性	X	
	运动特性与质量特性管理	X	

027

（续）

风险区域	风险项目	可重复使用	一次性
集成飞行器健康监控	可靠/鲁棒的传感器	X	X
	实时重要决策：数据驱动（data to action）	X	X
	非破坏性检测项目的识别以及定量的可靠性研究	X	X
	系统在非对称布局飞行器上的总装和集成	X	
自适应制导控制	与 IVHM 的集成	X	X
	实时控制算法	X	X
	快速响应作动器	X	
	软件实验与验证	X	X

　　以下的章节，将讨论四个主要的风险区域、次要风险区域、与 RBS 概念相关的操作和基础设施。本章末尾对 RBS 的风险评估和降低工作进行了总结性讨论。

3.2　主推进系统

　　RBS 的主推进系统（MPS）主要有两种方案：液氧/液氢（LO_2/LH_2）或者液氧/航天煤油（LO_2/RP），每一种推进方案都有开式循环或者闭式循环两种主发动机推力循环方案，总共有四种基本的主推进系统方案。评估委员会认为对 RBS 而言，无论是挤压式液体燃料发动机或者是固体火箭助推器都不是处理非常简便的推进系统方案，因此，本文重点讨论这四类主推进系统方案。

　　RBS 主推进系统的第一种主选方案是 LO_2/LH_2 推进系统，可以采用开式循环方案或者更高效但是室压更高的闭式循环方案。开式循环方案可以采用抽气循环或者发生器循环，后一种方案是 Delta IV RS - 68 和土星 V 上面级 J - 2 发动机采用的方案。闭式循环发动机的一个例子是为航天飞机轨道器所设计的分级燃烧主发动（SSME），这一发动机正在进行改进，以获得一种成本更低的发动机型号，命名为 RS - 25E。RS - 25E 发动机是美国空军为 RBS 所装配一次性使用上面级选取的基本型发动机方案。但是，基于膨胀循环方案可以得到另外一种闭式循环 LO_2/LH_2 发动机，如上面级发动机型谱中的 RL - 10 系列膨胀循环发动机。

　　采用 LO_2/LH_2 主发动机可以获得比碳氢燃料高很多的比冲 I_{SP}（海平面比

冲接近 390 s),但是 LO_2/LH_2 发动机不适合作为 RBS 的第一级主发动机,因为液氢的密度非常低并且需要低温环境存贮,液氢存贮的温度必须达到约 $-215.5℃$(-420 ℉)。采用这种低温推进剂导致需要非常大、笨重且更复杂的气动构型设计,而且会使级间质量因子很差(箭体结构系数很高)。由于在飞行器的"火箭方程"中结构系数与比冲同样重要,对于 RBS 助推器而言,更高密度、更易存贮的燃料,比如煤油将会是比液氢更好的燃料方案。与低温液氢相比,在第一级中使用煤油燃料还具有很多的潜在优势,进一步为碳氢燃料的选取提供了基本原理依据。

选用更高密度燃料是 RBS 主发动机选择中需要考虑的第二个因素,即采用液体碳氢燃料工作的发动机,正如美国空军向评估委员会推荐并积极提倡的航天煤油 RP-1 发动机。液态甲烷、乙烷甚至丙烷(即液态天然气的主要成分)可能也是更高密度、更易操作燃料的很好备选方案,但是对这些燃料与液氧氧化剂在火箭燃烧室内的燃烧和在飞行器飞行过程中的处理方面,美国目前只有非常有限的技术经验。因此,尽管评估委员会相信这些燃料可能会是未来先进发射系统的很好选择方案,但是考虑多种因素,采用液态天然气类型燃料的火箭发动机目前的技术成熟度(TRL)并不够高。

因此评估委员会最终同意美国空军提出的 RBS 主推进系统采用液氧/RP-1 发动机的基本方案。针对这种发动机,也有开式循环和闭式循环两种方案可选。开式循环方案可采用燃气发生器或者抽气循环方案,闭式循环采用富氧分级燃烧(ORSC)方案。对于 RP-1 燃料而言,采用 ORSC 发动机在物理上能够达到最高的性能(I_{sp}),主要是由于以下几方面基本原因:

(1)由于提高了燃烧效率,推力室的室压提高,使得推力室净比冲提高;

(2)更高的海平面(起飞条件)推力室面积比;

(3)典型的非常高的发动机推重比。

使用燃气发生器或者抽气循环的开式循环发动机与 ORSC 方案发动机的主要特性对比见表 3.2。

表 3.2　$LO_2/RP-1$ 的典型操纵条件范围

循环类型	标称室压范围/Pa	真空比冲范围 I_{sp}/s	推重比
开环,气体发生器	500~1000	300~315	70~80
闭环,富氧分级燃烧	>2000~3500①	325~350	100~120

①更典型的是像 RD-170 和 NK-33 这类俄罗斯发动机

表 3.3 总结了与开环燃气发生循环方案相比,ORSC 型 $LO_2/RP-1$ 发动机的技术优势,也列出了主要的问题和难点。涡轮驱动下使燃气发生器产生的富燃高温气体具有很好的初始条件,但是为保证必要的涡轮驱动能量,需要强迫驱

动涡轮在很高运转温度下运行。

表 3.3　富氧分级燃烧(ORSC)火箭发动机与开环燃气
发生器 $LO_2/RP-1$ 发动机相比的优势

优势	主要问题及难点
高比冲 I_{sp}(增加 7% ~ 10%)	由于富氧的热气体环境,发动机的部件和泵(输送管)需要采用兼容性的抗高温氧化材料制造,或者需要特殊的非燃烧的防止弹性变形(热辐射包覆)涂层,在地面操作处理、测试、运行中不会发生侵蚀、破碎、脱落等现象(这一要求对可重复使用发动机而言是尤其重要的)
采用高密度燃料提高了整个飞行器的质量系数,有利于一次性火箭级和飞行器的气动构型设计	由于预燃室和主推力室的压力非常高,在此环境下进行碳氢燃料的燃烧操作更为困难,因此发生燃烧不稳定现象的可能性更大
由于推力室室压更高,发动机设计时喷管具有更大的海平面面积比,因此明显具有更高的发动机推重比	预燃室的设计和研制比富燃型燃气发生器更有难度。由于操作运行时的工作压力比较高,燃烧不稳定的趋势更为明显并需要高温氧化剂。在涡轮泵、高温燃气相关管路、主燃烧室(MCC)氧化剂一侧的壁面和喷注器等都需要采用非可燃的抗高温火焰及高温氧化剂材料
富氧条件下关机,使得碳氢燃料发动机的碳沉积最小、喷注器口的焦化现象最轻,因此更容易实现多次启动	由于预燃室的工作压力较高(6000 ~ 9000Pa),ORSC 发动机需要预压泵和预压泵配套组件。通常富燃型燃气发生器发动机的工作压力明显低很多(1000 ~ 1500Pa)而且所用的组件更少、更容易设计
在使泵能够产生工作所需的动力的情况下,富燃分级燃烧的涡轮比富燃型燃气发生器驱动的涡轮工作温度低很多,这就增加了发动机的寿命和耐久性(典型情况下,富燃型燃气发生器循环发动机的涡轮工作温度为 700 ~ 1700℉,即 371.1 ~ 926.7℃)	
通过将驱动涡轮后的燃气注入主燃烧室,消除了开式燃气发生器循环喷射羽流的交互影响问题	

参考文献:(1) Oscar Haidn, Advanced Rocket Engines, Lecture Series at the von Karman Institute, Belgium. RTO - EN - AVT - 150, ISBN 78 - 92 - 837 - 0085 - 2, Published March 2007, Open to the public;
(2) Robert Sackheim, Overview of United States Space Propulsion Technology and Associated Space Transportation Systems, AIAA Journal of Propulsion and Power 22(6), November - December 2006

正如前文所述,RBS 所采用助推器的主推进系统将上面级和有效载荷加速到分离速度,并为第一级提供足够的冲量确保第一级能够滑翔返回到发射场。在这种针对主推进系统的双重需求下,第一级的规模对 $LO_2/RP-1$ 发动机的比冲和推重比非常敏感。正是由于这一原因,评估委员会同意美国空军的评估结果,认为 ORSC 循环是 RBS 首选的发动机循环方案。

典型的 ORSC 发动机的结构简图如图 3.1 所示。液氧和燃料被输送到高压预燃室,预燃室内按照比化学反应更高的混合比($MR = 10 \sim 20$)进行预燃,预燃之后的混合物在预燃室下游熄火并和大量 LO_2 一起向下输送。

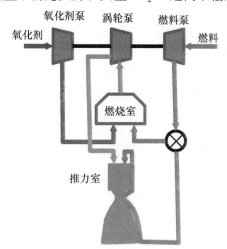

图 3.1   一个闭式循环分级燃烧火箭发动机的高度简化示意图。由于预燃室、涡轮泵和推力室是顺序工作的,与开式循环发动机相比,需要的泵压力更高。

资料来源:美国空军研究实验室

LO_2 通常是通过一些切向槽喷射进预燃室的下游部分,这样流出预燃室的气体混合比可达 $MR = 60 \sim 80$,而且温度仅为 371.1 ~ 426.6℃(700 ~ 800℉)。预燃室产生的气体通过涡轮泵(TPA),涡轮泵通过变速箱和分离密封设备同时驱动燃料和液氧泵。需要注意的是,所有的分级燃烧发动机运行过程中泵出口的压力都是明显比主推力燃烧室(MCC)的压力高,因为主驱动涡轮是与主燃烧室串联的,且在主燃烧室上游。泵出口液氧回到预燃室,流过涡轮的富氧气体输送到 MCC 喷注器,在主燃烧室喷注器处与燃料管道输送来的 RP-1 混合。富氧气体和 RP-1 都是通过燃烧室喷注器进入 MCC 的。通常情况下,喷注器同时有高温燃气和液态 RP-1 涡流/漩涡生成单元。这些涡流喷注器的数目取决于发动机的推力水平,并同发动机的规模和推力水平有一定的比例关系。

起动泵主要用于将高压 LO_2 和 RP-1 输送到预燃室。发动机的起动、关机顺序和方法很多,而且趋向于向更复杂的方向发展,但是这些通常是根据发动机的时序、推力平衡标定、流体控制阀的详细操作和其他流体因素综合确定的。氧化剂和燃料泵通常安装在同一根转轴上,动态密封和惰性吹除气体的净化作用保证两种液体能很好地分离。有时候采用一个逆流气动泵来启动 TPA 达到额定状态(满负荷运转、全速运行)。

有几种传统方法可以进行飞行器的推力矢量控制,这可能需要一个或多个推力室与某些类型的无毒推进剂推力反作用控制系统联合使用,至少很可能在实现滚转控制时需要这种工作方式,但是本章不对此进行详细阐述。

发动机的流量调节通常需要和混合比一起进行控制,整个操作是通过一个复杂的旁通阀、节流阀、混合偏差以及标定孔板等的组合调节共同完成的。标定孔板是发动机和流体通道设计制造、标定和热点火测试时就安装好的。所有的 RP-1 在进入主推力室喷注之前首先进入推力室循环冷却系统,并在燃烧室同富氧的预燃气体混合,以完成最后的主推力室点火工作。液体预冷环(热交换器)和发动机主推力室壁上流体喷射形成的薄膜冷却,共同起作用确保 MCC 处在可接受的工作温度,并保持必要的发动机燃烧性能和相应的比冲。

3.2.1 碳氢燃料助推器发动机风险评估

考虑到重复使用助推器的主推进系统将采用碳氢燃料 ORSC 火箭发动机,评估委员会识别出了 12 项风险区域:

(1) 燃烧稳定性:美国火箭工业界对于高压液-液预燃室、LO₂/RP-1 燃料 ORSC 发动机 MCC 气-液喷注器的燃烧稳定机理并没有很好很充分的认识,理解并不到位。在过去的 60 年里,燃烧稳定性的问题已经折磨和困扰了很多发动机研发计划。需要通过物理建模和合理的界定清楚的测试计划来获得并验证燃烧部分所需要的燃烧稳定边界,并在此基础上消除这一风险。美国空军科学研究办公室和地处爱德华兹空军基地的 AFRL 火箭推进实验室密切合作,已经在液氧/碳氢(LO₂/HC)发动机燃烧稳定性问题上进行了足够多的调查分析、预测和解决尝试。

(2) 喷注器:新的 ORSC 发动机喷注器很可能采用共轴涡旋设计,这必须与 MCC 的频率相匹配,并且与孔声腔(如通气孔)和/或为确保发动机稳定工作的隔板相协调。此外,推力比例关系必须通过理论分析和试验数据相结合的方法建立。这一问题并不仅仅在目前看来是个主要风险,必须进行一个专门的试验来验证缩比的喷注器和推力室的协调性,之后再进行全尺寸的试验。

(3) 高压富氧工作环境下的操作:高压富氧环境对惰性材料而言非常困难,而且这种危险的环境很容易对后序运行带来初始失误,这种失误会造成发动机在后序工作过程中难以恢复到安全运行的状态。这种高压富氧环境是 ORSC 发动机所特有的。正如前文所述,在 ORSC 发动机工作过程中,所有消耗的氧化剂都要首先用于驱动 TPA 的涡轮,造成高推力余量和相对低的工作温度。由此带来的富氧环境也是相对清洁的,在正常运行过程中没有煤灰/烟灰或者其他残余的燃烧堆积物。正是由于这种独特的条件,ORSC循环产生了高压富氧环境,对于传统的涡轮和导管材料都提出了新的挑战。

(4)基于物理的分析模型:RBS主推进系统的另外一个风险是缺少有完全物理依据的ORSC发动机原理分析模型。根据预期的缺乏预算的财政环境以及缺乏针对RBS研发的预算安排,为了以较低成本顺利完成预定的RBS DDT&E计划研究目标,必须采用可信的、精确的解析模型和分析工具。精确模型使得设计制造的迭代循环次数大幅降低,并且更为明显的是,可以减少过去火箭发动机研发过程中必需的高成本试验测试流程。解析模型的研发需要满足多用途需求,模型需要涵盖缩比的系统级到元部件级,比如动力装置(TPA、预燃室、流量控制阀)以及全尺寸ORSC发动机级别。这种方法确保了设计过程中每一步采用的模型都是符合逻辑地设计出来的并且是很稳定的,从而使得设计过程中每一步所使用的验证模型都可以在ORSC发动机调整成为更高推力水平时仍然可以使用。这些模型在未来其他ORSC发动机研发工作中同样可以发挥作用,可以加速研制进程并且降低所需的高成本试验的总次数。

(5)阀门、传感器和作动器:必须针对可靠的、必不可少的先进流体阀门和控制元件开展一些研发工作,以确保具有宽范围的推力调节、合适的混合比控制、有效的推进剂利用、发动机平衡和校准、推力矢量控制(TVC)、集成飞行器健康管理(IVHM)以及多种其他发动机控制功能。这些控制元件必须具备现代化的精确传感器,并且完全与自动化的数字MPS、发动机控制系统、飞行器自适应制导控制系统和IVHM系统相集成。

(6)推力水平:美国空军向评估委员会提供的关于RBS配备的ORSC发动机推力水平需求方面的描述非常含糊不清。在其材料中是这样描述的,"RBS的推力需求至少应涵盖1556.87kN~2224.11kN(350000~500000lbf)",这可能带来一个有关发动机规模、喷注器尺寸、可能的高压稳定性等的问题。当美国空军的代表好几次陈述他们可能会对"在EELV计划中采用美制ORSC发动机替代俄制RD-180发动机(推力水平在3558.57kN~4893.04kN(800000~1100000lbf))"更感兴趣时,这一推力需求问题变得更为复杂了。这将涉及一个明显的发动机规模问题和更高水平的风险。在RBS研发计划中推力需求的水平应当是在项目研制早期确定并在研究过程中保持不变,以避免带来附加的复杂性和设计难度。如果美国空军希望新的发动机能够与NASA的SLS系统发动机推力需求相一致,推力需要4893.04kN~5337.86kN(1100000~1200000lbf),这一推力需求描述得含糊不清的问题必须解释清楚,以确保可以开展单独的、聚焦的ORSC发动机研制计划,而不会增加附加的复杂性,这种附加的复杂性可能导致巨大的计划成本和预算严重超支。

（7）系统工程:美国空军的代表几乎没有阐述 RBS 在系统工程以及 MPS 与其他主要系统集成到 RBS 飞行器方面的需求。这些需求在 RBS 项目研发过程中必须在项目开展主要设计或者飞行验证之前提前固定下来,避免严重的系统间冲突/矛盾、不必要的复杂性,更为糟糕的是可能带来研制需求的调整。如果这些设计需求没有固定并且在项目初期保持下来,很有可能带来严重的成本超支和进度后推。

（8）推力平衡:整个发动机的推力平衡、流量标定、宽操作变化下的余量和鲁棒增益控制都必须在早期确定并通过试验验证。否则在极限工况下必然会出现问题,这些极限工况在项目的后期常常出现,最为糟糕的是,会在实际飞行中出现非标称情况。必须在异常情况下进行验证,对于更复杂的 ORSC 发动机必须进行非极限工况下的操作能力、鲁棒增益设计,以避免故障,否则在实际飞行中可能会带来灾难性后果。

（9）涡轮泵:新发动机的涡轮泵通常会有风险。由于工作在高压预燃状态下,发动机需要配备高压泵并且在整个工作循环中持续工作。对于这种更复杂的 ORSC 型多组件发动机而言,为确保安全和可重复使用,发动机的起动和关机顺序也必须明确。这并不是一个主要风险,但是是一个中等水平的风险,在设计和研发过程中必须进行专门的工作并且需要相应的成本。

（10）长寿命轴承:必须研发 ORSC 发动机旋转机构所需的高速、长寿命、可重复使用的涡轮泵轴承并进行验证。这是一个中低风险项目,但是必须明确指出,因为选用错误的轴承并安装到发动机上,将会对后续的 DDT&E 计划带来严重的后果。这种事情在以往的计划中曾经出现过不止一次,比如 SSME 是在航天飞机成功飞行多次后才发现轴承有问题。

（11）可重复使用性:除了 SSME 发动机外,美国几乎没有针对可重复使用火箭发动机的需求。典型的情况是在所有火箭发动机设计和验证时增加寿命余量,允许进行热点火测试甚至在飞行前进行再次测试。在发动机进行日常维护或者定期检查之前,需要重复使用多少次,这个问题必须回答清楚。这一关注点不是个主要风险,但是也是个不可忽略的中等风险,因为对于 ORSC 是发动机来说这是个新的需求,美国工业部门目前为止还没有研发过 ORSC 发动机。

（12）材料:最后一个风险,也是中等程度风险,与力学和动力学设计方法相关,尤其是预燃室出来的传输热、富氧气体的热气导管所用材料,这些导管可能需要柔性或者轴向连接及其他复杂情况。正如前文所述,在开展正式设计之前,这一风险点必须进行试验验证和评估。

因此,研发一个 $LO_2/RP-1$ 燃料 ORSC 火箭发动机的主要技术风险包括燃烧稳定性、高压富氧环境下的操作运行。在能够以足够的可信度预测燃烧不稳定性的分析工具达到可用程度之前,必须对显著的附加要素以及燃烧稳定性开展实用性研究。这一工作正在 AFRL 开展,但是近期还不能对燃烧的稳定性预测能力有显著的提升。幸运的是,当燃烧不稳定性问题出现时,通过试验积累的经验设计方法可以对燃烧系统进行"调谐",因此这一风险在原理上也是一种需要额外的研发时间来解决的问题,在发动机的规模等比例放大的研发阶段如果发生燃烧不稳定性现象,就需要投入额外的资源来解决这一问题。

与发动机富氧工作环境相关的风险是最基本的可能也是最难解决的。众所周知,俄罗斯的发动机设计已经解决了这种材料不兼容的问题,采用了在传统高强度涡轮合金和热气导管上附加惰性搪瓷涂层的办法。合金提供了结构载荷支撑,搪瓷涂层提供了必须的热氧适应能力和/或表面防护。这种方案已经在俄罗斯的 ORSC 发动机上使用了超过 50 年,并且在全球的喷气发动机气动涡轮和民用电力发电机上广泛采用。美国火箭发动机工业部门都知道,俄罗斯至少有三种经过飞行验证的 ORSC 发动机:RD-170、RD-180、NK-33,但是这些发动机都不是在美国生产的。通过与俄罗斯发动机制造商开展多种形式的商业合作,美国的火箭发动机制造商洛克达因公司(Prattle and Whitney Rocketdyne,PWR)和 Aerojet 已经非常清楚地了解和明白了这些发动机的基本设计。这两家公司各自分别向美国的火箭供应商出售一种俄制发动机:PWR 出售 RD-180,Aerojet 出售 NK-33。

另外一种富氧兼容性问题的解决办法是研发并采用一种热氧惰性母/基材料。AFRL 和主要的发动机承包商正在对这一方法进行尝试,并且已经报道了一些成功的研究结果。PWR 已经研发了一种新型的热氧兼容材料,名为 Mondaloy,并且已经在热富氧环境下对其适应性和耐久力进行了验证。目前,仅仅制造出了小票券大小的 Mondaloy 材料,发动机研发所需要的材料的力学和热特性的统计数据基础目前欠缺。同样,焊接特性、疲劳规律和破碎性等基本方面都需要进一步投入。

目前,俄罗斯研制的搪瓷涂层是更为成熟并经过验证的技术。但是,将这种特殊的涂层或者先进材料用于美制 ORSC 发动机设计的技术并没有经过完全的验证,因此需要一个充分全面的风险降低计划来解决这一问题。这种风险降低的工作必须集中于研发和验证一种新型的热氧兼容基材或者集中于验证可用于多次重复使用涡轮和热气流路系统元件的涂层材料系统的性能,类似于俄罗斯的方法。因此,如果选用已有的这种惰性并且与热氧兼容的涂层作为首选解决方案,风险降低的努力将是必须确保增加涂层的发动机元件具有足够的耐久力,能够适应全部必须经历的飞行环境下的多次重复使用。近期阶段,项目将必须验证涂层在全部相关环境条件下的耐久力,并验证传统热氧兼容性,以确保能够适应 RBS 发射时飞行用 RBS-ORSC 发动机所经历的工作环境。

评估委员会认为,除了上面介绍的 ORSC 发动机的风险和应关注的方面,目前全球已经有关于这类发动机的大量数据和成功飞行。表3.4列写了全部的已飞或者已经具有飞行资质的LO_2/HC发动机,包含了采用开式循环和闭式循环方案。从表3.4可以看出,ORSC发动机已经或者将要在以下国家的运载火箭上投入飞行使用,即美国(发动机全部是俄罗斯设计和制造)、俄罗斯、乌克兰、印度、中国、韩国。这些大量的成功飞行历史和研发经验应该能够给RBS的LO_2/HC发动机的研制提供足够的信息。大多数以这些LO_2/HC发动机为动力的运载火箭已经成功地将多种大型载荷送入预定的地球轨道或者太阳系内的其他科学研究轨道,这一长期的历史也包括将人类送入太空或者送上月球。因此,过去这些在这两种LO_2/HC发动机上的成功经验毫无疑问地表明:只要有足够的资源、时间,并且计划的财政支持可以投入到合理、可接受的项目中,一个全新的ORSC发动机是可以研制出来的。

表3.4 美国历史上继承下来的或者其他可用的
碳氢火箭发动机:以前或目前美国使用及在研的

火箭发动机型号	制造商/供应商	循环类型	推力水平(N)/真空比冲(s)	状态	应用	备注
RS-27 MD-1 MA-7	Pratt and Whitney Rocketdyne	GG	889.6440kN(200klbf) S.L.,1054.228kN (237klbf) ALT/303	已经飞行数百次(约800)	Delta Ⅱ 和 A2L 之前的雷神(Thors),雷神 Delta 和 Delta Ⅲ	
MA-5A LR-89/ LR-105	Pratt and Whitney Rocketdyne	GG	助推器 1912.7346kN (430klbf)+持续增加 266.8932 N(60lbf)/ 297	在 Atlases 系列火箭上飞行过数百次,水星计划(Project Mercury)多次飞行(1404 次)	Atlas 火箭家族卫星发射任务	
H-1	Pratt and Whitney Rocketdyne	GG	889.6440kN (200klbf) S.L.,911.8851kN (205klbf) ALT/301	已经飞过多次(152 次)	Saturn 1B,Jupiter 及早期的 Thor Deltas	
F-1	Pratt and Whitney Rocketdyne	GG	6770.19084kN (1522klbf) S.L./307	约 65 次飞行	Saturn V/Apollo	5 次在第一级中使用
RD-180	Pratt and Whitney Rocketdyne, Russian-derived NPO Energomash	ORSC	约 3825.4692 kN(~ 860klbf) S.L.,4151,968548kN (933.4klbf) ALT/337	约 10 次飞行	Atlas Ⅲ和 V	两个 TCA、一个泵

火箭发动机型号	制造商/供应商	循环类型	推力水平(N)/真空比冲(s)	状态	应用	备注
RD-170	NPO Energomash	ORSC	约7561.974kN (1700klbf) ALT/337	已经飞行很多次	Buran, Zenit, Proton	四个TCA
S-3D	Pratt and Whitney Rocketdyne	GG	355.8576kN (80klbf)/310	46次飞行	Jupiter/Juno	
AJ-87 AJ-1 AJ-3	Aerojet	GG	1334.466kN (300klbf)/249	在ICBM测试飞行中飞过很多次	Titan-I的第一级	
AJ-91	Aerojet	GG	355.8576kN (80klbf)/310	在ICBM测试飞行中飞过很多次	Titan-I的第二级	
NK-33 (AJ-26)	Aerojet	ORSC	1512.3948kN (340klbf)S.L., 1690.3236kN (380klbf) ALT/330	计划在俄罗斯N-1月球运载器第一级上使用	为俄罗斯N-1火箭研制,计划在Taurus II (Antares)上使用	PC =2109Pa
NK-39	Khrunichev/Aerojet	ORSC		N-1第二级	为俄罗斯N-1火箭研制,计划在K-1上使用	
RS-84	Pratt and Whitney Rocketdyne	ORSC	4670.631kN (1050klbf)S.L., 4995.35106kN (1123klbf) ALT/338	完成了PDR,被NASA取消	计划开展100次飞行任务,可重复使用运载器	合并了先进技术条目、先进材料、使能水冷喷管
Merlin家族	SpaceX	GG	355.8576kN (~80klbf)/~302	已经飞行过	Falcon I, Falcon 9和Falcon 27	私人资助研发的
其他各种俄制发动机	NPO Energomash	ORSC	各种推力/约330N	一些已经飞行过	多种俄罗斯和乌克兰的火箭	RD-190

（续）

火箭发动机型号	制造商/供应商	循环类型	推力水平(N)/真空比冲(s)	状态	应用	备注
MC－1（短暂的）	NASA/马歇尔空间飞行中心室内测试	GG	约 333.6165kN（约75klbf）/～280	先进的研制,很多次试验测试	计划进行一次飞行,很可能在X－34上使用	
YF－100	中国	ORSC	1156.5372kN（260klbf）S.L.,1338.91422kN（301klbf）ALT/336	在长征系列火箭上飞行过	中国的CZ－5、CZ－6、CZ－7	

注：ALT 为在指定高度；GG 为气体发生器；ICBM 为洲际弹道导弹；lbf 为磅力；ORSC 为富氧型分级燃烧；PC 为燃烧室压力；S.L.为海平面；TCA 为推力室组件

3.2.2　碳氢燃料助推器发动机的风险消除

除了对碳氢燃料助推器发动机广泛使用和多次 EELV 成功飞行的经验外,美国空军还向评估委员会介绍了 AFRL 一直在开展的硬件技术验证和风险消除计划。下面简要介绍一下相关的计划并对 NASA 的碳氢燃料发动机研发活动进行一个简短的回顾。

美国空军一直在执行一个与工业部门联合开展的火箭技术研究计划,名为综合型高性能火箭推进技术(IHPRPT),以求通过这一计划推动未来至少 20 年内全部类型的火箭推进技术的进步,其中包括碳氢燃料助推器。IHPRPT 计划中碳氢燃料助推器部分的研究目标见表 3.5。

表 3.5　IHPRPT 中碳氢助推器技术/先进性能发展目标

目标项目	与 RBS 相关的 IHPRPT 目标
海平面/真空比冲/s	+15%
海平面/真空推重比	+82%
产品成本	－50%
故障率	－75%
平均的系统更换间隔时间	指定的
均的系统检查换间隔时间	指定的
周转时间/h	指定的
节流控制能力	指定的
持续性	必须基于可接受的材料和处理流程

资料来源: Richard Cohn, Air Force Research Laboratory, " Hydrocarbon Boost Technology for Future Spacelift," presentation to the Committee for the Reusable Booster System: Review and Assessment, February 16, 2012

图 3.2 简要总结了 AFRL 开展的推进系统研发计划中目前正在开展的主要研究工作和研发项目。碳氢助推器(HCB)第二阶段验证计划的目的是研发能够支撑 ORSC 型 LO$_2$/RP 发动机能力的相关技术。这项计划由 PWR 和 Aerojet 共同开展，其预期目标是推动先进热氧高度兼容材料及涂层，以及像泵、先进的静压轴承、导管、阀门、作动器、预燃室、点火器、主推力室、新发动机控制器、集成健康管理系统及相关传感器等发动机部件的技术成熟度提升。如图 3.2 所示，与 HCB 第二阶段验证计划相关的技术研发工作和先进液体火箭发动机稳定技术(ALREST)计划的研究工作都将持续到 2020 年,这将在一定程度上限制这些研究计划相关成果对近期 RBS 研发活动提供技术支撑的力度。

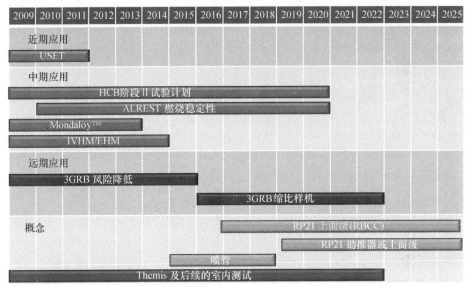

图 3.2　美国空军研究实验室在 2012 财年提出的液体火箭发动机发展路线图

资料来源:Richard Cohn,Air Force Research Laboratory,"Hydrocarbon Boost Technology for Future Spacelift," presentation on February 15, 2012

ALREST 计划中的燃烧稳定性研究工作主要致力于对高压 LO$_2$/RP 燃烧环境下燃烧不稳定现象的基本原理进行系统的研究和模型描述。这两项研究计划预计在 2020 年完成全部研究工作。附带的研究成果还包括对 Mondaloy 特性的评估以及应用于助推器发动机的 IVHM 诊断技术。

NASA 在过去的 15 年里也一直在执行 ORSC 发动机的研发计划,致力于解决美国空军前面提到的这些类似的前沿性技术问题。几年前,NASA 的马歇尔航天飞行中心(MSFC)资助了一项名为 RS-84 的发动机计划。这项发动机研发计划在取消之前开展了最初的设计阶段,而且能够开展一些先进的样机部件设计、制造和测试,由于没有固定的任务需求而且 NASA 的预算也没有足够的经费支持先进技术研发而下马。不过，该计划中部分已经成功取得的元件级研究成果现在可以直接应用于目前美国空军新型 ORSC 发动机研究计划中。

NASA 也与美国空军联合开展了一项名为综合动力验证（Integrated Power-head Demonstration，IPD）的先进技术研究计划。这项计划最初由美国空军发起，不过很快就合并到 AFRL 和 NASA MSFC 联合资助的项目，而且全部的热试车都是在 NASA 的 Stennis 航天中心开展的。在 IPD 计划中，这种动力头是集成到全流量分级燃烧发动机中的，其中全部的推进剂（这里选用的是 LO_2 和 LH_2）流经分别用来驱动氧化剂涡轮泵和燃料涡轮泵的富氧预燃室和富燃的预燃室。从每一个预燃室排出的高温燃气通过一个气－气喷注系统流入到 MCC，使得全部的推进剂能量都用于产生推力。IPD 计划中要设计一个能产生 1112055N（250000lbf）推力的地面验证机。实际执行过程中，设计出了这个验证机并且成功地进行了地面测试，通过这项工作验证了高性能长时间工作部件及材料的性能、重复使用助推器发动机应用的相关技术并第一次验证了 MCC 气－气喷射器的性能。在 Stennis 航天中心成功进行过测试工作之后，这项计划被政府终止了，也是由于缺乏经费并且没有明确的任务需求。IPD 计划的成功验证推动了对先进发动机部件的进一步认识，并且其中很多研究成果将来可以直接应用于任何类型 ORSC 发动机相关的先进部件的研制。

NASA 最近已经宣布了其新的空间发射系统 SLS 先进液体捆绑助推器（ALSB）对百万磅量级推力的新型 ORSC 发动机有着明确的任务需求。目前，针对能够验证可明显降低这种 ORSC 发动机技术风险的计划正在开展相关的采购及概念设计工作。尽管 SLS ALSB 发动机的推力需求比当前美国空军 RBS 发动机的推力高一些，NASA 已经宣布要研发能够同时满足 SLS ALSB 和 RBS ORSC 计划的先进技术材料和元件，因此，SLS ALSB 的风险消除计划将会对美国空军的 RBS 计划具有很大的贡献和参考价值。

尽管研制碳氢燃料助推器火箭发动机相关的风险降低了，但是最终一个新型火箭发动机的性能还是需要通过广泛的试验来验证。以前，新型发动机的验证测试需要很多年的非常全面的测试工作，在非常精密的计算机设计和仿真工具可以投入工程应用之前，这些试验测试工作还在进行。随着计算机能力的提升，无庸置疑，以前需要的测试工作可以大幅降低，"试验性的试凑模式"（Cut-and-Try）将会被"仿真－测试－验证－改进"（Simulation－Test－Verify and Improve）模式所取代。采用这种新方法后，相关的成本节约情况还没有得到充分的验证。

在传统发动机研制过程中，新型发动机的验证测试包括缩比规模、组件、子系统级和全飞行配置状态等几种验证状态。在组件级验证中，需要的设施可以是中等规模的，典型的情况下包括喷注器、喷管、泵、推力室的高压流道试验。中

040

等规模的试验设备可以在全尺寸点火试车和大范围操作条件下推力爬坡试验前,通过燃烧室的再生部分冷流测试开展喷注器喷雾效果的测试。在全推力水平下静态和自由稳定条件下的发动机燃烧稳定性是 MCC 和更高压力下运行的预燃室的主要性能指标。根据应用需求,可进行海平面和有一定海拔高度的模拟试验。每次子系统测试后除了检查和评估发动机的数据外,还要进行各元件可能的潜在故障评估。

实际试验通常是采用非常高级别的手段以能够验证在各种条件变化情况下整个系统的性能,也可以验证或者向解析模型提供反馈修正。如果试验过程采用非常工程化的测试流程(计划),可以通过早期测试和评估来提升系统设计从而达到更好性能、更高的可靠性和安全性。典型情况下具体的验证试验测试工具通常包括流量计、压力传感器(变换器)、热电偶、高频压力测量器、应变仪、加表、以及精密的激光和光学设备,通过这些设备来获取参数宽范围变化条件下大型火箭发动机的详细性能信息。

在全系统级测试阶段仅需要使用少量设备。NASA、PWR 和 Aerojet 都使用 NASA 在 Stennis 的设施,这是一个国家级试验基地,可以进行组件级、发动机级、飞行器整机级别的火箭推进系统测试。截止 2012 年 5 月 3 日,Aerojet 已经在 Stennis 的测试设施中进行了 8 次 AJ – 26 火箭发动机的热试车。RBS 火箭发动的测试也将采用这些同样的设施。AFRL 或者爱德华兹空军基地、Mojave 航天中心的商业设施以及 Wylie Lab 这样的合同商都是仅有非常有限的火箭测试设施,这些设施可以作为备用或者当测试业务需求量急剧增长时才被采用。另外,SpaceX 公司已经在 Texas 的 McGregor 建设了一个测试基地。

支撑 RBS 的火箭发动机研制计划的成本可实现性会严重影响对目前已有的 AJ – 26 或者一个新设计的火箭发动机所开展的测试工作的数量和种类,以及测试设施的可用性。为了增加 RBS 的可实现性并降低操作运营成本,尽早地确保很多传感器和控制元件能够与发动机的 IVHM 系统兼容是至关重要的一环。这一工作将保证能够对这些传感器、控制元件及 IVHM 系统的有效性进行评估,以便能够调整发动机的性能以及对偏差条件的响应能力。

3.3 火箭动力反推 RTLS 机动

第二个主要的技术风险区域是与火箭动力反推 RTLS 机动相关。正如第 2 章所述,在与上面级分离后,可重复使用助推器调整姿态,采用 MPS 来抵消射向的冲量并提供足够的返场飞行速度使得助推器能够无动力返回发射场。这种轨迹是一种全新的飞行模式,当可重复使用飞行器是在沿海发射场运营时必须采用这种 RTLS 模式。这种机动飞行会带来必须考虑的独特技术风险,这些风险包括 MPS 推力调节需求、气动、热防护、推进剂管理。

RBS 起飞时需要的推力与推动一个推进剂接近用完的助推器返回机动时所需的推力水平(大小)有显著的不同。在 RBS 的基本方案中,这种不同的推力需求是通过以下方式实现的:在 RBS 起飞时采用 5 个 AJ - 36 发动机工作,而在火箭动力返回机动时采用一个 AJ - 26 发动机工作。如果仅采用一个或两个发动机作为 RBS 的主发动机(MPS),这种不同的推力需求会带来非常高难度的技术挑战。推力调节相关的内容在前文已经介绍过,此处不再赘述。

下面介绍气动、热管理、推进剂管理方面的内容。

3.3.1 气动风险评估

前面提到的由第一级实现的火箭动力返回机动涉及复杂的气动作用,在 RBS 研发的风险降低阶段,必须考虑这种复杂气动作用带来的风险。由于以下三种主要原因,使得对飞行器气动特性的预测变得非常复杂。

(1)高速、低雷诺数流体;

(2)火箭羽流交互作用;

(3)需要采用高的气动效率来降低气动阻力以及火箭动力返场需要的速度增量。

正如图 2.4 所示,RBS 的级间分离预计在高度约 50km 以上进行,在这一区域飞行器边界层是层流占主导作用,边界层的分离在飞行器气动不确定性中起主导作用。另外,接近 180°的大范围转弯使得带翼 RBS 产生了较大的瞬时方位角变化,导致出现了复杂的三维流场结构。由于目前的地面设施缺乏能够真实模拟上述飞行马赫数/雷诺数的仿真环境,无法得到足够的气动数据,导致这一问题更加复杂。

第二个因素对飞行器气动特性的影响主要是在火箭动力机动过程中产生的羽流交互作用。在高度欠膨胀条件下进行发动机点火工作,排出的羽流将会膨胀并且使流过 RBS 第一级尾部的流场受到扰动甚至爆裂。由于热的排出气体和周围气流间存在一定的化学反应,使得羽流影响的程度更为复杂。为了确保能够对机动过程进行足够有效的控制,需要对火箭动力返回机动过程中飞行器的气动特性进行精确的预测。

最后一项因素对气动特性的主要影响是飞行轨迹的最后阶段需要有较高效率的气动特性。火箭动力助推完成后,飞行器所在的高度明显过高难以建立起滑翔条件,飞行器将会下降到一定高度,并依靠升力建立起滑翔飞行状态。以有效的方式进行这种拉起机动对于获得足够的能够实现 RTLS 的动能非常重要。一旦达到滑翔状态,飞行器必须以特殊的方式进行机动操作以获得较高的气动效率,确保其能够获得足够的滑翔距离可以返回到发射场。对于 RBS 的第一级而言,获得这种高效的气动特性非常困难,因为 RBS 的第一级后部安装有大的火箭发动机,其质心比传统的大气飞行器更靠后,而且有很大的横向气动不稳定性。

由于高度在 30.84km(100000ft)以上还存在很大的大气模型不确定性,这就使得上述的风险因素更为复杂。这些不确定性在可重复使用助推器的气动设计和自适应制导控制系统中都要进行充分考虑。

3.3.2　热防护/热控的风险评估

SMC 和 AFRL 向评估委员会提交的关于 RBS 研制技术风险识别的技术信息中并没有列写任何于热防护和热控的信息。这一结论也在四家航空航天公司对"采用 RBS 实现航天发射的主要技术风险是什么?"这一问题的反馈和答复中得到了证实。这一结论是基于美国空军一位人士以及 NASA 在重复使用飞回式助推器方面的大量研究得出的,飞回式助推器的分离速度为 $Ma3.5 \sim Ma7$,因此避免了航天飞机轨道器那样的过于复杂的热防护系统,航天飞机轨道器要经历超过 $Ma25$ 的再入条件,这一过程中会有相当严重的气动加热和热冲击。

火箭动力返回机动是当前 RBS 方案最有优势的飞行模式,但是采用这种模式带来了热防护和热控相关的不确定性。RTLS 回收已经被研究得足够详细了,特别是对航天飞机来说,由于它是航天飞机上升段的一种主要的任务终止模式,但是在航天飞机研发过程中没有进行过关于这种模式的任何测试,在其 135 次飞行中也没有测试过是否有必要采用这种飞行模式。

评估委员会关于 RBS 热防护系统这一问题关注的重点在于羽流与飞行器的相互作用、控制面和气动面的结构载荷、由于机动飞行所需的发动机摆动操作造成的基本加热。总体来看,这些关注点对于为 RBS 研制一套可接受的热防护系统来说并不是主要的技术风险,但是,对这些复杂的相互作用所产生的载荷需要进行足够精确的认知。

对于 RBS 的热控系统,目前已有的部分(设备)、系统以及针对 RBS 的系统设计概念已经足够成熟,这些内容只需要进行相对来说非常小的研发工作就可以满足 RBS 的需求。但是,在系统研发过程中需要考虑操作需求。比如,如果某项任务中需要一种加热的作用条件,可能会使发射操作过程的时间变得很长,而且地面的空调设施又不可用,这就需要飞行器上具备热控的能力,但是这可能会增加运载器的重量。

3.3.3　推进剂管理

大部分助推器的推进剂用于分离前对上面级的加速,在火箭动力反推 RTLS 机动过程中,第一级的贮箱接近变空。为了在 RTLS 机动过程中保持推进剂流的连续性,需要精确管理加速度的大小和方向。近期美国空军的一份白皮文件表明,Pathfinder 项目的一个主要目的就是要揭示火箭动力返回机动过程中推进剂管理(晃动和推进剂溅泼)所面临的挑战。这种挑战,类似于预测气动载荷面临的问题,可以通过开发并试验验证推进剂的晃动特性模型以及动力学模型,这些模型将会用于预测推进剂的状态,并用于实际运营 RBS 的推进剂管理系统设计。

白皮文件还说到,针对空气动力学问题,可以采用缩比参数来匹配实际操作中的推进剂条件,这些缩比参数包括火箭动力返回机动过程中贮箱内的推进剂和气体泄漏。在 Pathfinder 飞行器设计和飞行试验参数选择过程中,都需要采用适当的近似参数。评估委员会认为,飞行经验、推进剂管理、晃动控制技术、已有的数据都能够支撑火箭动力返回机动过程中的推进剂管理和晃动控制,而且,这些推进剂管理方面的技术风险可以在 Pathfinder 计划中得到揭示。

3.3.4　火箭动力 RTLS 机动风险的降低

对独特的火箭动力返回机动过程中气动特性的仿真和认识并不意味着要进行大量的风洞试验。因此,计算流体力学(CFD)模型必须能够仿真和预测机动过程的气动特性,对 50km 以上 $Ma5 \sim Ma7$ 飞行区域的建模将需要对计算结果进行经验性验证。相应地,获得 RBS 的实际机动飞行数据将会非常有助于了解 RBS 独特的气动热环境,还可以为气动特性模型提供修正和验证数据。

Pathfinder 将会对大动压区及火箭动力返回机动过程中气动特性预测及气动热载荷进行充分的揭示和验证。美国空军已经明确表示,采用新的改进的 CFD 模型,基于 Pathfinder 的飞行试验结果,通过缩比处理就可以应用于全尺寸 RBS 的空气动力学和气动热载荷处理。这些代码和模型在很多层面上已持续取得进展(技术都保持了先进水平),很可能在不久的将来可应用于对实际操作运营型 RBS 的载荷水平和飞行环境进行预测。美国空军也表明,Pathfinder 飞行试验以及对全尺寸飞行条件的描述方法比飞行器缩比更为重要。因此,评估委员会认为,Pathfinder 的飞行试验数据,结合先进的 CFD 模型得到的结果,将会比在小型超声速风洞中获得的动力学载荷更为接近真实飞行状态。而且,与立即转向全尺寸 RBS 甚至是中等尺寸 RBD 飞行试验相比,这种方案毫无疑问将有更低的成本和风险。

美国空军已经明确表示,在尝试采用更大尺寸飞行器进行火箭动力转弯和 RTLS 机动之前,将会采用 Pathfinder 进行一系列的飞行试验,并将这项工作作为主要的风险降低阶段。美国空军认为,尽管 Pathfinder 只是一个中间步骤,但是在其飞行试验过程中测试的数据将会有足够的代表性来确定和验证将来用于进行全尺寸飞行器设计的 CFD 模型。由于目前为止还没有这种机动的飞行试验数据,只能假设 Pathfinder 飞行试验数据将会如预期的那样还是有一定的推测成分。Pathfinder 飞行试验的测试数据毫无疑问将会为是否继续开展进行更大尺寸验证机或实际操作运营的飞行器设计和研发提供决策依据,并将为这些设计和研发提供重要的支撑。

尽管计划的 Pathfinder 项目将会为 RTLS 概念提供足够的支撑数据,但是几乎不能为验证 RBS 助推器热防护系统的设计提供相应数据,因为其能达到的最大马赫数很有限。一种备选方案是通过在白沙靶场或者 NASA 的冲击飞行设施发射低成本探空火箭搜集主要的气动加热数据。在这种飞行试验中,作为测试工具的 Pathfinder 外形的模型将会被发射到相应的马赫数和高度区间。一旦与运载器分离,飞行模型可以采用指令控制也可以采用程序控制进行机动飞行,以验证 RBS 的 180° 机动。这种模型有很多方案,比如,采用降落伞回收/数据存贮在飞行器自带的存储器中或者数据通过远程遥测传向地面站。

3.4 IVHM 结构

评估委员会认为,为了确保飞行器基本的可操作性和可靠性目标,有必要在 RBS 方案中考虑 IVHM 技术,但是美国空军及相关承研单位几乎没有向评估委员会提供详细的特殊 IVHM 应用需求的相关材料。在没有特殊的可操作性需求的情况下,难以识别和确定出在 RBS 飞行和地面操作中需要测量的参数。由于缺少上述信息,评估委员会经过评估暂时确定了飞行中需要测量的参数列表,这些参数对于项目的研发可能会非常重要。

(1) 多用途发动机的温度;

(2) 结构温度;

(3) 选定区域(选择性的)飞行器表面温度;

(4) 结构和连接附属设备的应力应变载荷;

(5) 加速度(分布的);

(6) 流速(LO_2/RP – 1);

(7) 燃烧室压力(MMC 和预燃室);

(8) 贮箱中推进剂液位;

(9) 流经喷注器的压降;

(10) 涡轮转速;

(11) 涡轮动力学(力度变化);

(12) 泵入口和出口压力;

(13) 启动泵动力学(力度变化);

（14）阀的位置；

（15）特殊的开关阀位置、喷灌阀反馈信号；

（16）所有作动器的电位测量；

（17）动态部分对内部指令的响应；

（18）阀门电流。

上面列写的这些参数，如果在发动机和飞行器研制过程中都已经考虑到了，在实际飞行中直接采集到这些数据并整合后发送给 IVHM 系统。RBS 的 IVHM 系统研制过程中最大的挑战是将核心的故障诊断系统应用于 AJ - 26，因为 AJ - 26 是目前已有的发动机，而且其能够允许的改造非常有限。

另外，地面操作过程中也有大量参数需要测量，以能够评估飞行器的完整性以及飞行器对飞行状态要求的满足情况，包括需要确定排泄管路、密封、阀门等的状态；结构疲劳及其他形式的结构失效的可能性；评估下次维护前的剩余工作时间；电子系统的功能检查及对操作指令的响应；传感器操作响应的验证。这些测量信息连同适当的详细的非破坏性评估，将会与目前的调查和评估技术一起综合使用。

3.5 RBS 的自适应制导控制

目前作为第一级的一次性助推器的可靠性业界公认可达到接近 97% ，而未来的 RBS 所需要的可靠性据称要达到 99.98% 。目前航空航天界对于成本较高且非常耗时的任务保障工作（如硬件仿真、软件验证等）必须在一次性助推器发射前及早开展，以确保可靠性达到 99% 的目标。

美国空军空天司令部已经意识到自适应制导控制（AG&C）是一项能够明显提升包括 RBS 在内的未来运载器的可靠性和响应快速性的重要技术。AG&C 算法的目的是确保 RBS 能够在偏差条件下正常跟踪标称轨迹，或者能够在多种非标称条件下计算一条备用的可达飞行轨迹。非标称条件可能是由于子系统的单个或多个失效（故障），比如控制操纵子系统（如操纵副翼卡死）、推进子系统（如其中一个发动机推力损失）、热防护子系统（如系统可承受的热流降低），表 3.6 给出了 1980—1999 年间不同国家运载器出现的子系统故障情况。

从表 3.6 可知，推进系统和航电系统出现的故障占 66% ，而可以解决这些故障模式的 AG&C 将很有可能提升整个飞行器的可靠性。Hansen 开展的研究分析阐明了自适应操纵是如何有可能从不同子系统故障的模式中挽回一个可重复使用运载器（RLV），其研究结果见表 3.7

表 3.6　1980—1999 年间发生的运载器子系统故障

国家和地区	推进系统	航电系统	分离系统	电子电气相关	结构系统	其他系统	未知原因	总计
美国	15	4	8	1	1	1		30
CIS/USSR	33	3	2			1	19	58
欧洲								
中国	3	1			2			6
日本	2	1						3
印度	1	1	1	1		1		5
以色列	1							1
巴西	2							2
朝鲜							1	1
总计	64	11	11	2	3	3	20	114

注:数据来源:I – Shih Chang, Space launch vehicle reliability, Crosslink, Winter 2000/2001, pp. 23 – 32, available at http://www. aero. org/publications/crosslink/winter 2001/03. html. 本表的公布得到了 Aerospace Corporation 公司的许可

表 3.7　运载器的故障以及可以解决 RLV 上类似故障的潜在自适应操纵处理

日期	飞行器	失败原因	可以在同样情况下挽救 RLV 的操作措施
1994. 6. 27	Pegasus XL	糟糕的气动数据	对数据有一定的自适应性以保证可靠控制
1998. 10. 20	Ariane 5	由于发动机机滚转扭矩而关机	跟踪应急着陆轨迹或者应急飞行终止离轨并着陆
1999. 5. 5	Delta Ⅲ	发动机故障	跟踪应急飞行终止时的着陆轨迹
2000. 3. 12	Zenit 3SL	第二级关机	跟踪应急飞行终止时的着陆轨迹
2001. 7. 12	Ariane 5	燃烧不稳定性	跟踪应急飞行终止时的着陆轨迹
2001. 9. 21	Taurus	作动器卡死	跟踪应急飞行终止时的着陆轨迹

注:数据来源:J. M. Hanson, New guidance for new launchers, Aerospace America, March 11, 2003

AG&C 算法的容错性要求来源于其必须适应运载器固有的大范围动力学特性和约束条件变化。这些调整来源于飞行器子系统在飞行过程中出现的故障。AG&C 技术增强了 RBS 的响应性能,主要是降低了意外事故下规划分析所需的时间,比如应急飞行终止轨迹设计以及飞行准备过程中在任务规划阶段的大量仿真工作。

通常,AG&C 算法包含三部分:轨迹生成、自适应制导、可重构控制。图 3.3

给出了 AG&C 系统的构成以及他们在飞行器在线诊断和操作控制中的交互作用关系。

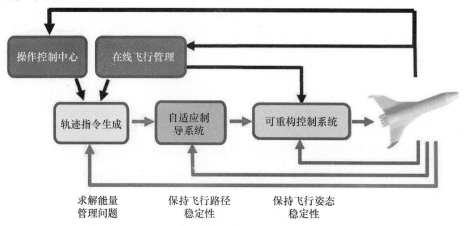

图 3.3　自适应制导控制系统的主要构成示意。资料来源:A. Ngo, Air Force Research Laboratory, Control Systems Development and Applications Branch, "Adaptive Guidance and Control for Reusable Booster Systems," submitted to the committee, May 7, 2012

在可重构控制系统模块,采用一个分配算法将稳态控制指令分配到工作的控制操纵面(比如 TVC 作动器、发动机喷管、RCS 推力器、副翼、方向舵、升降舵等)。稳定控制指令是根据保证飞行器稳定所需的力和力矩确定的,在非标称条件下,比如一个控制面结冰,在线诊断系统检测并将该信息提供到可重构控制系统算法,可重构控制算法调整控制指令在剩余的可用控制面间的分配状态。可重构控制系统算法也要处理飞行器在角速度、加速度、载荷、攻角、着陆等方面的限制器或约束。

自适应制导模块,使得飞行器在标称和非标称条件下均能保证飞行路径的稳定性。根据内环控制性能和飞行动态特性进行反馈增益的调整。

在轨迹指令生成模块,当必要的时候生成一条新的飞行轨迹,使得实现飞行轨迹所需的力和力矩能够由能力降低的飞行器提供,并且能够满足主要的飞行约束。航程探测系统提供的备用着陆点及航空飞行约束通过操作控制中心提供给轨迹指令生成模块。除了与 AG&C 模块有交互外,操作控制中心也与远程测试网络(Test Range Network)有通信,以便接收到实时的地面和空中约束信息。

AG&C 技术瞄准在作为一级的自主飞行 RBS 上使用,以提供实用的快速响应和可靠地进出空间。集成的 AG&C 和在线诊断保证了能够实现上述目标,可以容许自主飞行的 RBS 自主地检测到控制面、RCS 推进器、推进发动机、推力矢量伺服框架环的性能下降或者功能完全丧失,并从故障模式中恢复,无需外界的交互和介入,正如一个有经验的飞行员可以将飞机从设备故障模式中挽救回来一样。

如前文所述,RBS 采用一个新奇的 RTLS 轨迹。整个任务中 AG&C 系统操控飞行器,向气动控制面、RCS 推进器、推力喷管和推力矢量框架环提供控制指令。健康管理系统监测控制面的状态并提供反馈信息,以评估每个控制操纵面对控制指令响应的性能。在故障的情况下,AG&C 系统根据这些信息将控制指令分配到其他功能完好的控制面、计算对于飞行包络的改变,并根据需要自主计算新的轨迹。

AG&C 系统的最直接的效果是明显地提高了运载系统的可靠性。AG&C 允许助推器可以从像发动机失效这种意外故障中恢复出来,也能够从通过鲁棒控制系统可以解决的意外失效中恢复到正常飞行状态。采用这一技术,有望使助推系统的可靠性达到 99.98%。

AG&C 技术面临的主要技术挑战是在故障的情况下整个算法必须实时在线完成全部计算。其中的两个主要挑战是 AG&C 算法在线计算的运算量需求和算法收敛性的保证。计算需求是由轨迹生成所需的计算量确定的,包括通常会采用对计算量非常敏感的优化算法,并要求具有非常强的实时系统处理能力。收敛性的保证通常与得到轨迹优化的可行解相关。目前,这些工作是由设计人员或者工程师通过地面大量的试验测试或者偏差下的仿真分析来完成,这种处理模式不能适用于动态时变环境下实时系统的操作响应。近年来,软件的开发、运行效率、仿真、验证、评估以及硬件测试等方面已经取得了长足的进步,这些技术的进步可以用于解决 AG&C 在线实现所面临的技术挑战。

AFRL 已经进行了十多年的 AG&C 技术开发,以解决下一代制导控制在更多领域的应用问题。进场和着陆段的 AG&C 算法已经通过传统的测试飞机进行了成功的验证。再入段的 AG&C 算法,已经由 Honeywell 公司根据 AFRL 的合同要求,进行了硬件在回路的仿真测试以验证算法的实时性能。在 RBS Pathfinder 验证计划开展的同时,AFRL 与 Honeywell 公司签署了研究合同,正在利用高保真仿真环境对整个飞行阶段的 AG&C 算法进行集成、仿真和硬件测试。这一合同将采用 Pathfinder 和 RBS 的飞行动力学模型,因为这些模型适用于进行以下附加的扩展性测试:模型在回路、硬件在回路甚至是 Pathfinder 上的飞行测试。

3.6 第二个风险区域

评估委员会考虑了多个附加的技术风险区域,以下章节将详细讨论这些风险。评估委员会认为这些风险区域比四个主要技术风险区域的风险稍低,但是委员会推荐对其中任何一个风险都要进行详细的阐述和选择。

3.6.1　结构

RBS 的规模对于可重复使用助推器和一次性上面级的干重质量系数(结构系数)非常敏感。因此,两级的结构必须非常高效,但是必须能够对应用载荷具有足够的鲁棒性。RBS 结构设计过程中必须考虑 12 项主要因素:

(1) RBS 每个部分所需的特殊材料;

(2) 在整个飞行任务全部过程中可能遇到的外部环境,包括点火、起飞、应急飞行终止、最大攻角、最大动压、级间分离、火箭动力返场、滑翔气动载荷、地面操作;

(3) 在起飞、完整飞行剖面飞行过程中、分离时刻、分离过程中及任何其他已知时间之间飞行器作用在有效载荷上的载荷(比如,摆动、振动、组合体状态作用在载荷上的脉动压力),以及有效载荷进入初始转移轨道、着陆等飞行状态下飞行器作用在有效载荷上的载荷;

(4) 影响材料选择和生产方法的制造和装配技术(比如焊接、铜焊等);

(5) 非破坏性的检查和评估方法,特别是对于有快速周转需求的可重复使用飞行器两次飞行任务间隔期间相关处理;

(6) 结构和材料的疲劳评估和例行维护、维修、替换工作开展之前结构/元件的剩余寿命(起飞前做出初步判定意见、明确飞行器的健康状态),这对重复使用发动机、贮箱和涡轮组件而言尤为重要;

(7) 质量特性,包括重量、质心、压心、惯性矩、整个飞行任务剖面过程中的质量特性平衡管理(静态和动态);

(8) 结构拆解/释放附件和机构;

(9) 起飞前和起飞过程中与发射竖立支撑相关的附加载荷;

(10) 往返发射场和制造商仓库用于进行返工、维修与研发等操作时,经历低量级幅值水平、长周期的地面、海上、空中运输过程中的载荷;

(11) 级间分离时多种操作事件、相关机动和着陆时产生的冲击载荷/压力,包含飞行器搭载有效载荷以及不带载荷的状态;

(12) 由于 RBS 强非对称布局在飞行中外界载荷产生的结构冲击。

目前 RBS 结构和贮箱材料均选择的是金属材料,可能选择强度重量比最好的铝或者钛合金;但是需要增加推进剂质量系数的要求可能需要在 RBS 的机身主结构,甚至贮箱都应考虑使用复合材料,对于贮箱可能金属基的复合材料会更有优势。研发阶段中很可能采用通用共底贮箱(Common bulkhead tanks,CBT),除了 CBT 贮箱的潜在风险和相关的操作难度之外,还要考虑 CBT 的减重问题。

正如 2.1 节所述,美国空军考虑采用两种一次性上面级方案与 RBS 配套使用。一种用于发射中小型载荷,称为小型一次性级(SES);另外一种用于更重的载荷发射,称为大型一次性级(LES)。无论 SES 和 LES 均将采用四个结构支撑和冗余释放机构与第一级连接。根据采用的上面级不同,分离过程中最初作用在助推器上的力主要是由于振动产生的,尽管很有可能也有一些气动干扰的作用。无论 SES 还是 LES,与助推器分离时必须采用避免碰撞的机动飞行方案。

在上面级上升飞行过程中,当动压和气动载荷降到足够低的时候,整流罩打开并与飞行器分离。这一过程中产生的环境载荷必须考虑,但是这可能不会因为需要采用特殊的材料或者引入非常规的结构而带来技术风险。遇到的唯一风险可能是根据某些新的需求需要通过引进新型或者更轻质材料进行飞行器减重,这就有可能对结构设计和释放机构设计带来挑战。

从结构设计的角度来看,对于 RBS 及 LES,除了结构附件、释放结构和机构外,其余方案与目前一次性运载器上面级上使用的非常相似。推进剂贮箱必须能够适应非线性附件和后续分离产生的载荷;但是,载荷分析和解析模型很容易借鉴和移植航天飞机独特的结构布局和 Delta IV 重型火箭侧向安装的液体助推器分析的相关经验。

如果决定采用轻质复合材料贮箱,将会增加与能够容纳低温推进剂的轻质复合材料相关的技术风险。目前行业内对 NASA X-33 低温复合材料贮箱的负面经验教训仍非常关注。采用这些复合材料贮箱容纳低温推进剂的技术成熟度仍旧非常低,需要更多的技术研发工作。如何最好地将大型复合材料贮箱安装在飞行器主结构、采用哪种固定和焊接技术也将是非常重要的问题。这一问题的答案将很大程度上取决于采用的材料和设计的方法。同时,通常还存在一个如何分散飞行载荷的设计问题。载荷能否通过贮箱分散在贮箱周围或者分布到一些分散载荷的连接方式中?设计如何能够最好地完成?其他设计问题,比如发动机结构安装、推力载荷传递等可通过标准的解析技术以及以前火箭发射飞行的经验中得到解决方法。

可重复使用助推器比现有火箭多增加的一个复杂因素是 RTLS 机动飞行的功能要求下所附加的硬件设备(机翼、控制面、着陆轮等),与一次性助推器相比,这就使得 RBS 必须损失大量的有效质量。基本的火箭方程为

$$\Delta V = I_{sp} g \ln [1/(1-\eta)]$$

式中:η 为质量系数(推进剂质量与总质量之比)。由上式可看出,对于一个给定的 ΔV,RBS 质量的降低需要大幅提升发动机比冲或者显著增大整个系统的质量系数(燃料质量/总的 RBS 质量)。对于 ORSC 型 LO_2/HC 发动机,比冲增加约 10% 是不可能的事情。但是,RTLS 所需要的硬件系统驱动了方案设计中考虑使用新材料和对新材料的研制。比如,Elias 在其向委员会提交的报告中明确指出采用纳米材料技术(如采用大尺寸的纳米管结构)可能显著增加结构材料的强度重量比。他指出,通过这种新材料实现的减重,对于 RBS 这类系统而言

是非常必要的,可以使得这类系统与下一代一次性运载器相比更有成本优势,特别是在不断出现新需求的商业运营领域。在近期采用大尺寸的纳米材料技术是不可能的,对于承载结构采用新型光纤复合材料可能显著降低重量。

在满足 RBS 的质量系数需求方面存在挑战的同时,很多结构设计所关注的最好的结构材料选择应该在缩比 Pathfinder 和更低成本的 RBD 飞行测试飞行器飞行试验之后得到明确答案。因此,获得 RBS 需要的质量系数面临的主要技术风险与结构材料和处理过程选择、精确的结构载荷确定相关。从缩比飞行测试中获得精确的飞行剖面气动载荷、气动热载荷及其他环境载荷,确保能够验证并获得全尺寸 RBS 设计所需的精确的 CFD 载荷将会非常重要和关键。

3.6.2　能源、液体加热及作动器研发

尽管算不上是一个主要的技术风险,在整个飞行过程中 RBS 一定仍旧有它自身的能源。一旦在起飞的时候地面电源连接脐带与助推器脱离,RBS 将需要一种能源,或者是易得的和可替换的,或者是某类可充电/可再生的电源。

有以下四种技术上成熟的方案可实现这一功能:

(1) 主要的热电池——这种电池成本低、可靠、易激活,但是与此处列举的其他电池相比,质量大而且每次飞行完或者飞行任务终止后都要进行替换。

(2) 辅助动力装置(APU)——APU 有很长时间的成功使用的历史,如在航空飞机、航天飞机上等,但是它们操作复杂而且 APU 的消耗品在每次飞行后必须进行补充。

(3) 燃料电池——燃料电池高效、体积小,但是价格高,有一定的安全风险,每次飞行后需要再次装填消耗品。

(4) 可充电/可重复使用电池——锂电池、NiMH 及其他这类电池,主要具有可长时间高效可靠供电、不需要附加消耗品的低维护特点,但是价格高、需要一个容易得到的可用能源进行充电和定期维护。

飞行器上安装的电源选取哪种类型,取决于总体方案所确定的用于实现操作性、可靠性、性能指标的最优方式和途径。如果 RBS 的可操作性,包括地面快速周转和快速响应是空军的需求,对于一个短周期助推器飞行任务而言,可充电池/可重复使用电池将很有可能是一个最好的选择。

3.6.3　组装和制造

在全球范围内,制造和组装各种类型飞行器的现代化装备能力近年来都取得了显著进步。完全自主的自动化操作的生产加工已经大幅增加了飞机、汽车、轮船、移动工具系统(如拖拉机、割草机等)的产能,甚至是美国目前正在生产的一些少量的一次性火箭,如 Delta IV、Atlas V、Falcon 9。这些先进制造技术和方

法在几乎全部现代飞行器上的成功应用,提升了制造能力并且降低了成本和生产时间。全球范围内已经意识到了目前采用的所有这些先进的自动化方法所带来的好处,并且这些先进技术正在全球范围内被越来越多的公司所采用。

目前 EELV 已经在其铝质推进剂贮箱和适配器的制造过程中采用了摩擦焊技术。与传统的焊接方法相比,这种自动化处理过程产生的热较低,热作用区域较小,在这些热作用区域内材料的性能会降低,并且消除了大部分传统焊接的缺陷及焊接修复需求。如果 RBS 的推进剂贮箱是铝质的,应该采用摩擦焊作为进行材料焊接的主要方法。

根据 RBS 计划确定的系统基线方案,只计划制造 8 个完整的飞行器,采用现代制造技术和方法可能会切实降低制造成本。另外,为了能够在生产飞行器的过程中配合/适应对飞行器进行改进的需求,将 8 个飞行器的生产过程和周期拉得很长,以及当需要进行替代品生产时具备再制造的能力,都是很谨慎的决定。但是高度自动化的助推器生产流程在项目的初始阶段将会比传统的方法成本更高,它更好地适应了人员周转并提高了制造质量。后续的 RBS 一次性上面级和载荷整流罩的生产,如果采用高度自动化的现代制造设备也将明显受益。

因此,评估委员会认为尽管最初只需要加工 8 个飞行器,采用最现代的自动化加工和组装方法将很可能会实现较高水平的盈利。毫无疑问,这种方法将提升 RBS 满足前文所述的 LCC 目标,尽管生产成本中也包括了采用这种先进的高度自动化的现代技术所需的高额资金投入。

多年来主要的航天供应商已经改进了他们的火箭和卫星制造能力,在已有的设计中引入新技术。通过合同的形式,其他供应商(如 Iridium 和 SpaceX)已经通过在生产线中采用当前的最新材料和目前的先进制造技术组合来降低成本并提高可靠性,并实现了无单生产(clean sheet exercise)。无单生产如果能够得到有效开展,将会使最终使用系统的全部版本信息引入到早期概念设计中。另外,简化的概念(如标准化、模块化)以及为适应 IVHM 诊断传感器系统而开展的早期系统工程研制工作,可以在最开始的时候设计(如系统方案阶段)并在测试中进行验证。制造过程也可以设计成与飞行后的维护和服务系统并行开展的形式。

3.6.4　上面级研发

为了满足美国空军提出的全部任务目标,需要研制与 RBS 配套的高性能一次性上面级。上面级的基本方案是采用 LO_2/LH_2 推进剂,这是由于 RBS 本身需要采用高性能上面级以便具有将重型载荷运送入轨的能力(像以往型号中的上面级,比如与土星 S – IVB、Delta IV、Atlas Ⅰ、Ⅱ、Ⅲ、Ⅳ配套的半人马座 Centaur 上面级)。与目前优化的一次性火箭相比,上面级与 RBS 分离时上面级的速度很低,这就要求 RBS 中上面级的发动机具有较高的性能。由于上面级需要较大的速度增量,如果不采用具有较高性能的 LO_2/LH_2 发动机,整个 RBS 的发射起飞质量将会变得非常庞大。

美国空军确定的这种高性能上面级发动机的基本方案是采用目前已有的、经过飞行考核过的 RD – 25E 发动机,这是 NASA 正在研制的 SSME 的不可重复使用版本。针对这一发动机也可能会出现一个可行的备选方案,比如俄罗斯产的 RD – 120 发动机。基于目前的基本方案和可能的备选发动机方案,评估委员会认为研发与 RBS 配套的上面级发动机并不是一个显著的技术风险。但是针对美国空军最初确定的 RBS 发射载荷覆盖范围需求,上面级需要配备上大型的轻质低温贮箱。选取的材料(金属或者复合材料)可能会带来附加的技术风险,贮箱技术包括了推进剂管理的技术和可能的 LO_2、LH_2 推进剂共底贮箱带来的质量优势,这些将在本书其他章节中详细讨论。

AFRL 一直在其上面级发动机技术计划中为上面级发动机研发改进解析预测技术。另外,目前美国空军正在支持一项先进上面级发动机技术发展计划——低成本上面级发动机计划,在这一计划中将为研制新型的高性能、大推力 LO_2/LH_2 发动机奠定技术基础,最终这种新型发动机将取代 RL – 10 系列,这一发动机家族自 1962 年投入使用以来被广泛使用并得到缓慢改进。除了土星火箭的上面级和 SSME,RL – 10 发动机及其不同改进型目前是唯一一款在美国大部分运载器中使用的高性能上面级发动机,应用范围包括 Delta IV、全部的 Atlas/半人马座以及一些采用半人马座的 Titan 火箭发射任务。

除了基本的 RS – 25E 或者备用的 RD – 120 发动机方案,如果 RS – 25E 或者 RD – 120 发动机均不能用于 RBS 的上面级或者不适合与 RBS 匹配,美国空军计划为 RBS 的上面级研制一款新的放大版本(推力更高)的 RL – 10 级别的 LO_2/LH_2 发动机。但是,不管出于何种原因需要,研制一个新的上面级用高性能 LO_2/LH_2 发动机,将会显著增加 RBS 研制计划的成本,关于这一点,美国空军、航空宇航公司或者合同商(或者其他组织)均未向委员会做过任何说明。

3.7　运营操作与基本设施

RBS 的基本研制计划包括三个发射场:两个在弗罗里达的卡纳维拉尔角空军发射基地(CCAFS)、一个在加利福尼亚的范德堡空军基地(VAFB)。第一个 RBS 发射联合体将会是全新设计并在 CCAFS 建造,可适应全尺寸的 RBS – Y 验证飞行器。这个发射设施将会与目前 CCAFS 的一次性火箭发射设施并行工作。一旦一次性运载器计划中的 Atlas 火箭逐步停止使用,Atlas 火箭的发射设施可以转为适应 RBS 的发射任务,而且 CCAFS 初步建造的 RBS – Y 发射台也可以用于 RBS 发射任务。在成本管理方面,对于 RBS 相关设施的设计建造上将会有很多决策和选择的机会,但是很少有技术决策的风险。大多数 RBS 发射设施的可操作性预想已经在目前的运载器中使用或者正在基于目前的运载器进行研发,或者正在其他过程或者制造业中应用。在评估委员会看来,RBS 的基础设施面临着设计和成本控制的挑战,但是可能不是一个明显的技术研发风险。

将目前的一次性运作火箭的发射设施用于 RBS 多多少少会存在一些局限性,因为 RBS 的尺寸比较大,特别是其具有大的翼展、垂尾和 LES。表 3.8 将中等推力的 RBS 与 Atlas V – 551 一次性运载火箭进行了对比,对比使用的数据由美国空军、航空宇航公司、联合发射联盟及相关供应商提供,这些部门向评估委员会进行了简单的材料说明。这一比较可以清楚地看出目前 Atlas 火箭的哪些发射设施可以用于 RBS。目前 Atlas 一次性火箭的一些水平装配设施可以直接或者经过合理改造后用于 RBS,目前的发射控制中心经过设备更新后可用于 RBS。如果不能适应带翼展的 RBS 级背驮的 LES,一次性火箭的垂直处理设施和一些发射台设施需要进行大规模的改造重建。但是,维护和改造当前的发射设施还是会节省不少经费并可避免新发射场长期的环境维护,并可有效使用已有的排气管、飞行器运输设备、推进剂存贮和转运系统、光纤通信系统、有效载荷空调设施。

表 3.8 中型推力 RBS 与 Atlas V – 551 一次性运载火箭的对比

	RBS	Atlas V – 551
助推器		
直径、长度/m	5.18、33.53	3.81、32.46
干重、推进剂质量/t	47.66、408.50	18.93、284.27
发动机数目、推力/kN	5 个 AJ – 26 、7361.80	1 个 RD – 180 、3825.47
翼展、尾部展长/m	18.29、10.97	—
固体助推器		
直径、长度/m	—	1.59、19.96
固体助推器个数、质量/t	—	5 个、233.62
固体助推器个数、推力/kN	—	5 个、8441.83
第二级		
直径、长度/m	4.88、39.62	3.05、12.68
干重、推进剂质量/t	17.25、154.32	2.22、20.83
发动机数模、推力/kN	1 个 RS – 25E 、2224.11	1 个 RL – 10 、99.20
级间段		
直径、长度/m	—	3.84、4.15
质量/t	—	3.99

（续）

	RBS	Atlas V – 551
载荷整流罩		
直径、长度/m	5.49、23.47	5.43、23.41
质量/t	4.09	3.99
发射 LEO 轨道载荷的飞行器规模		
载荷飞行器质量/t	22.69	18.83
总的干重/t	90.78	284.14
总的起飞质量/t	608.22	589.15
总的海平面推力/kN	7361.80	11334.06
飞行器组合体高度/m	54.86	68.58
助推器直径/m	5.18	7.32

注：表中的 RBS 相关数据是近似值，有一定的保守性，仅供与一次性火箭进行对比

　　RBS 在发射场的处理流程将会与目前的一次性火箭极为相似，因为 RBS 对空军的最显著优势是"遂行发射"。有效载荷与一次性上面级的处理操作将会遵循目前的处理模式，增加自动化水平，但是对于可重复使用助推器的处理流程需要进行调整以满足着陆需求，并保证飞行器的安全（确保地面成员进行必要操作时飞行器是安全的）及再次发射前的地面周转。以下的章节将对 RBS 计划中的处理流程、RBS 的影响及指标偏离情况进行详细说明。

　　RBS 的运营需要对目前的地面设施和发射流程进行调整，下面简要介绍当前的处理流程并对 RBS 可能产生的潜在影响进行讨论分析。

3.7.1　航区安全

　　目前一次性运载火箭发射时，对于一个确定的发射任务，需要在发射前 60 天向航区管理部门提供一个初步的飞行数据以进行航区安全规划，并在发射前 30 天提供最终的飞行数据包。对于每一个将要进行的无人运载器发射任务，航区包含了标称的事先规划的飞行轨迹和确定的限制边界线。如果实际的飞行轨迹超出这些限制，航区安全管理操作员将炸毁飞行器。RBS 采用 AG&C 可能会使得这些限制边界放的很宽，因为 RBS 具有自主地对偏离条件作出反应并确保完成飞行任务的能力。航区跟踪必须由两套独立的不同来源的设备来完成，以便进行对比校核。

　　RBS 在发射和返回的过程中将会同航区安全管理部门和航天控制部门进行交互。无论以何种体制来实现，RBS 将会带来新的挑战，当 RBS 真正飞行时，甚至目前正在使用的航区安全管理系统都要进行相应的改进。

　　对于航区安全管理系统而言，一个无人的可重复使用系统与一个一次性助

推器相比,没有明显的不同。都需要位置、速度、方向及助推器状态等信息,并需要使用一个飞行终止系统。飞行终止系统已经非常成熟了,将其应用于 RBS 上并没有什么新的挑战。

商业航天运输的联邦航空管理办公室(FAA/AST)目前正应对无人飞行器带来的挑战,评估委员会认为 RBS 真正飞行之前,这些新的挑战需要提前重新认识并合理解决。FAA/AST 在处理有人飞行器从太空返回并在美国着陆方面只有很有限的经验,但是未来 10 年内这方面的飞行经历将会大幅增长。在自主再入到大气层内航空领域并着陆飞行管控方面的经验目前更少(如X - 37B)。但是,管理这种操作的能力已经经过了验证,很可能不会对 RBS 的运营带来什么大的障碍。

RBS 计划中的多种测试和验证飞行器,包括 Pathfinder、RBD 验证机、Y 飞行器等,可能在传统的航区内飞行。在这些阶段必须确定航区安全和航空管制需求,或者确定出备用的操作区域。

最后,发射区域必须支持助推器返回并在发射场跑道着陆的相关操作。对于带有两个返回原场助推器的重型 RBS 而言,这一操作更为复杂。它们的返场必须交叉安排,允许依次着陆并从跑道撤出。Eastern Range 曾经处理过航天飞机轨道器的返场着陆,RBS 也可以考虑采用类似的方式。航天飞机轨道器返回时带有一定的轨道机动系统推进剂残留量,RBS 助推器将带有一定的 $LO_2/RP - 1$ 和姿控系统推进剂。在将飞行器拖至地面维护场所之前这些推进剂必须排泄掉而且推进剂系统必须确保安全。

3.7.2 发射操作流程练习

目前一次性火箭在发射前的几周内将开始进行多次的发射操作流程练习。这些流程在过去 60 年内已经制度化了并且很少有改动,所有的政府部门和目前的运载系统供应商都是按照这一流程执行的。发射流程被运载服务提供商、载荷供应商、发射客户、航区安全部门、发射基地管理、工程师队伍所认同。为了实现 RBS 的应急快速响应发射,在确保发射系统可靠性的前提下这一操作过程需要进行大幅的改动和压缩。对发射前处理过程的全部参与人员来说主要的文化理念挑战将是需要形成一个更为简洁的、现代化的、低成本的合练流程。

3.7.3 航天器的处理过程

目前 CAAFS 和 VAFB 的设施可以满足 RBS 的有效载荷处理和整流罩合罩操作。CCAFS 的设施包括Astrotech商业处理设施、美国空军国防卫星通信系统处理设施(直径只有 4m)、航天飞机载荷组装设施、NASA 的垂直处理设施、空军飞行器总装和合罩厂房、多用途载荷处理厂房(直径只有 4m)、载荷故障/危险处理设施。这些设施可以完成飞行器的存贮、准备、推进剂加注、固体火箭发动机和火工品准备、动平衡测试、适配器安装、整流罩合罩。VAFB 的设施包括 Astrotech公司的有效载荷处理厂房、空间系统国际公司的总装处理厂房,都可以提供上述的服务。这些设施都可以处理目前 Atlas V、Delta V 等一次性火箭采用的 4m、5m 量级大直径整流罩。转运设施用于将合罩后的飞行器运往发射平台。在美国,以前所有的大型飞行器的处理、合罩和转运均是垂直进行的。一旦到达发射组合体,合罩的飞行器被垂直安装在模块化组装的上面级之上。水平模式的飞行器处理过程也是可行的,并可用于 RBS 的发射前处理,正如俄罗斯对联盟号、质子号、天顶号等火箭的处理,以及美国轨道科学公司对飞马座火箭、SpaceX 公司对 Falcon − 9 火箭的处理。

3.7.4 发射飞行器的处理流程选择

目前一次性运载火箭的发射分为三个不同的环节,了解这些环节的细节内容及相关的设施需求,将会有助于讨论 RBS 的处理流程及对设施的需求。本节中描述的一次性运载火箭的发射处理流程来自于联合发射联盟,它是 Atlas 和 Delta IV 火箭的生产商。

(1) Atlas V 在 CCAFS 发射的流程。

对于高频率的发射任务,在远离发射台的区域进行组装和尽可能多地检查测试将会非常有效,Atlas V 在 CCAFS 发射时就是采用了这种射前处理流程和方法。当火箭在移动发射平台(MLP)上组装完成并在垂直组装厂房(VIF)检验完毕后,运载火箭去除有效载荷,通过 MLP 垂直移动到空置的发射台上并接上排气管路。然后进行推进剂的加注和加注后湿态下的发射合练(WDR)。然后飞行器通过移动发射平台(MLP)移回垂直组装厂房(VIF),装载合罩的有效载荷,之后再次运送到发射平台进行发射。如果需要从一个发射平台进行更高频次的发射,就需要另外增加建造一个 VIF 和一个 MLP。

(2) Atlas V 在 VAFB 发射的流程。

由于在 VAFB 进行的发射频率不是很高,Atlas 在 VAFB 发射时采用一个传统的移动式服务塔(MST),火箭的组装和测试是在 MST 内固定的发射平台上进行的。火箭的各级分段水平运送到发射场并转为垂直,然后通过 MST 的起重机将各级分段安装在火箭的箭体上。组装完成后进行 WDR,然后有效载荷垂直状态运往发射场,并通过 MST 的起重机将合罩的有效载荷安装到运载火箭上。之后 MST 支架打开(退回并远离发射台)进行推进剂加注、发射倒计时并点火发射。

(3) Delta IV 在 CCAFS 或者 VAFB 发射的流程。

Delta IV 飞行器在 CCAFS 或者 VAFB 的水平组装厂房里进行助推器和上面

级的组装。水平组装的助推器和上面级通过一个运输车或工装水平运往发射台,然后通过安装于发射架前端混凝土基座表面的水压活塞将它们旋转吊装到发射架上。采用一个移动式发射服务台 MST 来维护竖立在发射塔架上的运载火箭。MST 移动到发射位置并进行 WDR。在 WDR 之后,MST 移动到服务位置,合罩状态的有效载荷被垂直转运并通过 MST 的起重机垂直安装到模块化组装的火箭上。之后 MST 打开支架(退回并远离发射台),火箭进行推进剂加注、发射倒计时并最终发射。

3.7.5　助推器和上面级的发射处理流程

固体上面级的发射处理流程对发射检测的适应性相对来说不太敏感,已有的设施足以满足要求。当前一次性运载火箭对各级的主要检测均在水平状态下进行。对于 Atlas、液体芯级助推器、固体火箭助推器(SRB)和上面级的检测分别单独进行。在 Delta IV 的处理流程中,在助推器和上面级组装到一起后进行测试。RBS 飞行器和大的一次性上面级火箭的测试都可以水平或者垂直进行,但是由于助推器和 LES 的直径尺寸较大,评估委员会认为采用各部分单独进行水平状态测试将很可能会大幅降低厂房设施的成本。RBS 助推器和 LES 的处理包括对无危险部件的大范围的电子测试,类似目前一次性火箭上进行的工作。这些自动化的计算机控制检测包括电气连续性、所有电子故障的隔离测试,并采用测试火工品或阀门进行全部样机状态下样件的考核验证。

3.7.6　助推器/上面级的组装和测试

对于在 CCAFS 发射的 RBS,进入发射台前无论是水平或者垂直状态下的组装,都需要考虑到未来可能的任务模式变化和应急响应发射需求。在 VAFB 发射时,除非 RBS 的发射需求有重大的更改,比如增加了应急响应的发射需求,无论是在发射台上还是在发射台之外进行组装测试都是可行的。为适应 RBS 的发射,针对哪种当前 Atlas 在 CCAFS 和 VAFB 使用的发射设施必须进行更改的讨论,将会有助于决定哪一种处理技术最节省成本。但是,很可能目前为 Atlas 配套的大部分处理设施(CCAFS 的 VIF、VAFB 的 MST 及 SLC – 3E 发射器)将会需要进行大幅度改造或者完全重建。对于一个新的运载器发射系统,比如初步的 CCAFS 的 RBD 发射站,进行系统级的简洁便利操作和地面支持设备(GSE)需求之间的折中处理将会最能节省成本。如果需要最大程度上使用当前 Atlas 火箭的发射设施,对于航天发射组合体(发射台)SLC – 41 和 SLC – 3E 将需要采用不同的处理方式。但是,如果批准要在三个 RBS 的发射场进行发射台以外的处理操作,至少 VAFB 的 Atlas 发射台需要进行主要设施的重建。

3.7.7　RBS 的运输和发射台的安装

成对的助推器和上面级可以通过水平或者垂直模式由组装测试厂房运送到发射平台。在 SLC－41,Atlas 的助推器和飞马座上面级是通过 VIF 中的 MLP 进行垂直总装的。Atlas 助推器和 MLP 的接口包括所有助推器的液体和电气服务设施的起飞插拔。MLP 采用一个脐带摆杆与飞马座上面级和有效载荷进行连接并提供相关服务。MLP 也包括与发射架 GSE 服务相连接的自动挂钩(自动耦合器)。由于 Atlas V－551 的干重远远高于 RBS 的干重(表 3.8),目前可以将完整组装的 Atlas V－551 由 VIF 运送到发射台的 MLP 可能会不需要进行主结构的调整而直接用于 RBS 的运输。但是,至少目前 MLP 的脐带摆杆必须重新设计(移除或者改为铰接)以适应带有大翼展的 RBS 助推器,而且 MLP 的牵引释放和起飞脐带插拔需要进行修改。

一次性运载火箭的上面级所需的保障服务是通过脐带摆杆实现的,因为载荷飞行器需要一定的服务保障(空调、地面电源、通信等)。RBS 的 LES 安装在背部,这就使得有可能采用在 LES 的尾部安装起飞插拔的形式为 LES 提供地面服务保障,有可能使向有效载荷提供的相关服务的管路需要穿过 LES 上面级。为了向有效载荷飞行器提供必要的保障服务可能会增加上面级的结构重量但是可以省掉脐带摆杆。

3.7.8　湿态合练 WDR

湿态合练是对一个完整的运载器而开展的,这个状态下的运载器没有安装合罩状态下的有效载荷。WDR 合练包括加注燃料并完成一个完整的发射倒计时、发动机点火后紧急关机功能。Atlas 的 RP－1 渗漏试验是在 RP－1 燃料加注后进行的,将推进剂贮箱的压力升到点火起飞时的压力状态并持续 10 ～ 15min。低温渗漏检测在发射当天的 WDR 中进行,采用惰性气体检测系统循环进行加注/排泄,远程监测密闭贮箱内的温度,并采用质量分光计分析贮箱内的气体成份。所有的脐带摆杆均处于连接状态。

过去 60 年的航天飞行历史中,液体燃料火箭均在发射前进行 WDR。特别是带有低温推进剂的火箭,WDR 主要用于检查低温条件下火箭上设备和分系统的操作性能,并测试推进剂的渗漏情况。发射当天如果发现这些问题,就有发射推迟的风险。对于在 SLC－41 发射的 Atlas 火箭,没有在发射台上的相关处理流程(没有 MST),因此一旦发现出了相关问题,MLP 和运载火箭将会返回到 VIF 开展相关的修正操作。这会造成三到四天的空档,就需要另外选择新的发射窗口。为了实现预期的降低发射成本的目的,相对于目前的一次性火箭,RBS 需要进行鲁棒性设计,例行的 WDR 将会大幅减少。如果一个 RBS 助推器需要快速地准备进行下一次发射任务,可能上一次发射飞行可以看作是本次发射前的一次成功的 WDR。需要指出的是,如果 RBS 的 WDR 可以省去,那么在 VIF 进行的整个飞行器的垂直组装(助推器、上面级、合罩的载荷飞行器)将会是一项非常重要的处理技术,这是特别重要的一点。

当前 Atlas 发射场的推进剂存贮能力可直接用于 RBS,但是对于更大规模的 RBS 上面级而言,目前这些设施需要进行大规模的性能扩展和提升。目前的推进剂运输设施可以直接用于 RBS,除了推进剂的加注时间会适当增加外不需要进行设备调整。如果与目前一次性火箭相比,RBS 有效载荷的空调服务需求没有变化的话,目前的有效载荷的空调设施不需要进行任何更改就可直接用于 RBS。

3.7.9 有效载荷总装

Atlas 火箭 WDR 成功完成后,火箭和 MLP 返回到 VIF 来组装合罩后的有效载荷。对于 Delta 火箭,合罩后的有效载荷是垂直转运到发射台,之后通过 MST 的起重机吊装到上面级上。如果火箭和有效载荷组合体已经完全转运到发射台上,那么在发射台上的检测工作将会是最少的。如果合罩的有效载荷是在发射台上组装的,那么就需要进行额外的检测。Atlas 火箭的有效载荷在 VIF 组装并检测后,火箭和有效载荷的组合体通过 MLP 再次转运到发射台上。

3.7.10 推进剂加注和发射倒计时

对于目前的一次性运载火箭,这个过程完全是自动化的。推进剂的自动加注是由安装在发射台上的计算机控制的,整个过程由发射控制中心的工程师进行远程监控。如果加注过程出现某些异常,远程监控的工程师具有优先处置权限。完全自动化的发射倒计时是由对事件和异常条件下检测数据进行排序的计算机执行的。整个系统的健康情况和当前状态也是通过自动化系统向系统工程师反馈。这些活动按顺序接力进行,除非检测到了异常。在倒计时的过程中,操作的序列可以随时终止。也可能采用非常快的倒计时循环(依赖于发现的问题)直到起飞前的几秒。Atlas 火箭目前具有处理自动化数据管理系统的工具,可以在安全和成功的发射任务倒计时最后 4 分钟之前安排的用于进行低温推进剂操作的那段 126 分钟时间内决定是否发射探空火箭进行补测量。目前 CCAFS 和 VAFB 用于发射 Atlas V 及 Delta 一次性运载火箭的发射控制流程和设施可以直接用于 RBS。

3.7.11 排风管和噪声抑制系统

目前在 SLC – 41 和 SLC – 3E 发射场已有的排风管路和噪声抑制供水系统

具有的能力完全可适用于 RBS。起飞时火箭排出的质量流的大小对排风管路和噪声抑制系统的规模设置非常重要,质量流与整个发动机的推力大小及所采用的推进剂成正比。目前这两个发射点都设计成能够满足 Atlas V – 551 的发射需求。带有单个助推器的 RBS 起飞时的推力约为具有 5 个地面点火 SRB 的 Atlas V – 551 起飞推力的 65%。另外,具有 5 个 SRB 的 Atlas 火箭的排气喷口面积约为 RBS 的两倍(表3.8)。

3.7.12 飞行终止

飞行终止相关的工具及设施需求与遥测、航区安全跟踪,必要时还与指令解体(自毁)有关。这些需求与目前一次性运载火箭上采用的非常相似。

3.7.13 助推器着陆与安全保持

无人的助推器要返回发射场并在跑道上着陆。需要的设施将会同用于监控航天飞机轨道器返回着陆过程的设施非常相似,除了 RBS 不关心残余的有毒/自燃型 RCS 系统推进剂方面略有差异。制导和导航将完全由助推器上搭载的航电设备自动实现。一旦助推器安全着陆,将会被拖到一个受保护的或者偏僻的地方进行安全监测。主要的 LO_2 和 RP – 1 贮箱将会排泄出残余燃料并进行净化处理。这一过程可以通过提供水平贮箱沉积槽或者通过旋转助推器到达垂直位置来实现。主发动机也要进行净化处理。姿控系统(ACS)推进剂必须进行排泄,其贮箱必须进行净化处理。一个主要的可操作性目标是避免采用危险的或者有毒的 RCS 推进剂,因为这些推进剂需要采用自增压大气保护综合单元(Self Contained Atmospheric Protection Ensemble),要确保任何一个以前没有用过的样机单元必须是安全的。

3.7.14 飞行后助推器的检测、维护和存储

助推器着陆后在起落架轮胎支撑下,用标准的航空拖车牵引离开跑道,到达带有吊架区域进行日常的地面周转检测和维护。助推器的 IVHM 系统将计算出飞行期间的任何意外或者超差情况,并在着陆后用这一系统评估飞行后飞行器的健康状况。这个 IVHM 数据将可能排除掉大部分需要技术人员参与的、手动的检测。同时这些数据将明确地指出为满足助推器再次具备飞行状态所需的特殊维护操作需求。由于 IVHM 增强或扩大了对自动化的地面检测设备提出的维护需求,一旦机械和技术的全部要求都满足了,飞行器 IVHM 将会被用于验证地面周转的助推器的维护。一些有限的对敏感区域或部件的非破坏性评估也是很有必要的,比如火箭发动机喷管内部。

3.7.15 助推器在仓库内的维护

在规划的 10 架次飞行任务当中的仓库维护期间或者任何时候发生了在正常地面周转维护中难以解决的主要意外时,助推器将会进行仓库级的维护。形式包括需要移除或替换,比如着陆轮轮胎,所采取的维护形式取决于设备性能提升/升级改进和部件寿命评估结果。助推器飞行之后的周转维护、仓库维修和存贮最好在一个共用的厂房设施内进行,以使设施的成本最低,并且省去了将助推器由一个地方运送到另一个地方的操作过程。

3.8 RBS 风险评估总结及降低风险的努力

美国空军向评估委员会提交的 RBS 研发计划缺少一部分技术细节,这些技术细节能够使得对 RBS 的技术优势、可信性及风险甚至精确的成本估计有更全面的了解。比如,除了达到最终目标(在仿真的 $Ma \geqslant 3$ 上开展级间分离并进行火箭动力机动返回原场),并不清楚 Pathfinder 验证项目可以获得其他什么收益。另外,提交的材料对于 Pathfinder MPS 的设计没有进行任何的描述或讨论。比如,它是否类似已有的 NK – 33 采用一个 ORSC 发动机? 或者是它只是采用一个已有的货架产品,目前可用的开环循环发动机,比如 Fastrac 或者 Falcon 1 Merlin 发动机? 并没有找到任何可直接用于 RBS 设计的推进系统和相关信息。

评估委员会认为,对 Pathfinder 计划制定一个更好的目标是非常重要的,主要是基于两个原因:其一,弄清楚投资是否有必要是非常重要的,正如前文所述,有很多重要的技术问题可以在 Pathfinder 计划中找到答案,但只有当 Pathfinder 计划合理开展后这些问题才能得到满意的答复;其二,有必要弄清楚 Pathfinder 计划的成果如何才能用于是否值得开展下一步的 RBD 研制工作的决策。因此,需要制定一个决策的门槛与标准,来决定在 Pathfinder 验证成功后应该干什么。

RBS 的研发将会对多个学科目前技术能力的局限性带来挑战,比如推进、空气热力学、控制、结构、健康监控和传感。美国空军计划分阶段研究为实现 RBS 计划总体目标所需的技术。根据洛克希德·马丁公司向评估委员会提交的汇报材料,这些技术突破的一个示例性路线图如图 3.4 所示。在图中,技术突破依托于以下的计划:未来快速响应进入空间技术(FAST)、Pathfinder(PF)、RBD、RBS 全尺寸研究计划(不是已经完成的 AFRL 资助的 FAST 计划)。这些分阶段的技术发展表明了 HCB、先进的低维护机构、IVHM、自适应 AG&C 飞行软件及可操作的热防护系统技术的成熟度。这些技术在 FAST 计划中已经启动,并且会在后续的计划中得到进一步的研究,比如 PF、RBD、RBS 等。PF 计划也将开始研发完成火箭动力 RTLS 机动的能力、处理推进剂管理和晃动动力学的能力、灵活的快速响应航区规划、载荷分离动力学分析能力。RBD 计划将继续研究上述技术并将启动快速任务规划能力、绿色/可操作的(无毒的)RCS 推进剂、可操作的(无毒的)电池和 APU 能源系统、冷分离、先进的地面处理自动化技术等能力。这些技术的收益和回报将会在全尺寸的 RBS – Y 飞行器测试和飞行试验中得到量化体现。

#	主要的技术风险区域及消除	FAST	PF	RBD	RBS
1	火箭动力返回基地任务模式的飞行动力学				
2	可重复使用&推力可调节LOx/碳氢主发动机	碳氢燃料发动机助推			
3	先进的低维护需求结构				
4	集成的系统健康管理/自主后勤补给				
5	自适应制导导航与控制飞行软件				
6	推进剂管理与晃动动力学				
7	快速任务规划				
8	灵巧型、快速反应能力				
9	无污染/可操作的RCS推进剂				
10	可操作的热防护系统				
11	无焦酚分离系统				
12	有效载荷及子级间分离动力学				
13	可操作的电源系统（电池组与APU）				
14	先进的地面处理自动化系统				

图 3.4　风险降低策略示例。资料来源：Slater Voorhees, Lockheed Martin Corporation, "Reusable Booster System (RBS)," presentation to the committee, March 28, 2012

　　RBS 计划预期目标的实现主要依赖于对相对而言大量的大幅变化的技术和能力的成功验证。但是,很难评估突破一项技术难关面临的技术挑战,直到经过一段时间的研究和认识之后才能进行适当的评价。尽管这么说,看起来很明显,完成火箭动力返回原场机动飞行(RTLS)而不损坏飞行器或者 ORSC 发动机将是这项计划成功的关键,因为这项机动从来没有在 RBS 的缩比飞行器上进行过验证。进行 RTLS 火箭动力机动将会是非常有挑战性的,因为这项机动依赖于多项能力的研发:相当重要的碳氢发动机推力调节、应对推进剂晃动和动力学、控制复杂空气动力学对象(甚至包括火箭羽流和飞行器系统交互作用的空气动力学)、提供足够热防护等。

　　另外,关注"可重复使用性",这对实现期望的成本降低是非常重要的,将会需要研发可实现的 IVHM 系统。这样的 IVHM 系统将会具有监控可重复使用部分主要部件健康状况的能力。为了更为有效,IVHM 系统的研发将会同其他系统部件的研发一并进行,比如结构和推进系统。但是,并不清楚当 RBS 采用将IVHM 集成到已有推进系统(比如前文提过的采用 AJ – 26 发动机)时,这一研发模式将如何实现。

　　最后,对于操纵一个需要在复杂环境中飞行并具有较大不确定性的无人的完全自主的可重复使用飞行器来说,研制一个自适应的制导控制系统将会是非常重要的举措。

第4章
成本评估

  附录 A 中对评估任务的描述要求评估委员会对当前 RBS 成本估计中采用的方法进行评价,包括对 RBS 运营模式的建模方法。本章将阐述评估委员会对所提交材料的审查结果并对这些项目进行评估。

  美国空军为未来航天发射任务研制一个新型的 RBS 的预想目标是:如果这样一个可重复使用运载系统(包括相关的设施和配套服务)能够成功研发出来,经过飞行试验并能够以可接受的成本运营(相比目前的一次性运载火箭可以大幅降低运营成本),那么这种新的航天发射系统的后续应用将会大幅降低航天发射的成本,因此也会降低整个生命周期的成本(LCC)。正如第 2 章中讨论的一样,使用 RBS 完成一个每年 8 ~ 10 次发射国家安全相关载荷任务的话,可节约出的相关成本将会是目前美国空军为采购一次性运载器发射服务所付经费的50% 以上。

  如果能够研发出一个低成本的 RBS,将会实现大幅度的成本降低。这一逻辑性结论是根据历史上多次完全研制一次性运载火箭的成本折算得到的,以前研制一次性运载火箭时每次发射都是花费一次再生成本。这些一次性运载器的成本数据是根据美国空军已有的一次性运载器家族多次发射的成本得到的,包括 Delta Ⅱ、Atlas Ⅱ、Atlas Ⅲ、Titan Ⅳ、Delta Ⅳ 及 Atlas Ⅴ(后两个是当前运载器家族成员,由联合发射联盟提供)。回顾这些一次性运载器的再生成本变化历史可以看到,约超过70% 的再生成本体现在一次性使用运载器每次发射都扔掉的硬件部分。其他部分的发射服务成本包括操作、工程支持和管理。硬件成本占70% 的比例是根据上述一次性运载器型号多次发射任务成本经过加权近似得到的平均值。硬件所占总成本的准确比例有最低的 55%(Titan Ⅳ)到最高的85%(Delta Ⅱ)。这就有力地证明了,将 RBS 第一级的飞回式助推器进行重复使用,比如研制计划中所说的 50 ~ 100 次、每 10 次飞行后进行一次规定的检查、每 20 次飞行更换一次发动机,将会大幅降低成本,可能会达到航空宇航公司成本分析报告中预测的成本降低超过 50%。

以下各小节分别对本次评估的结果进行阐述,主要对提交材料中的基本成本建模方法,并根据需要对成本模型中的单个模型进行了评估。本章根据一个完整的 RBS 运营案例进行讨论和推断分析。

4.1 基本构型飞行器的成本建模方法和评估结果

美国空军的成本建模方法采用了一个混合的模型和估计多种 RBS 分系统的建模方法。图 4.1 中的飞行器是评估委员会讨论的基本飞行器构型,包括可重复使用助推器验证机 RBD 和 RBS。RBD 主要用于验证和考核可重复使用助推器设计和操作运营中的多种概念;RBS 配有不同的大推力上面级,主要用于满足不同的大型载荷发射。AFRL 资助的技术研发工作相关的成本中包括了 Pathfinder 的缩比验证机,但这部分所占的成本相当少。本文研究的 RBS 基本方案的成本不包括这部分成本。

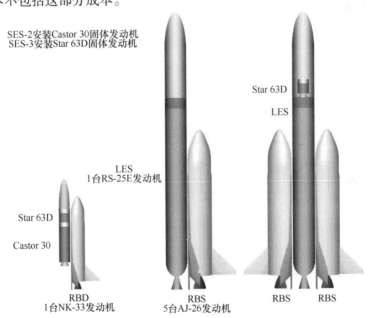

图 4.1　RBS 飞行器硬件系统构成方案,主要构型包括 RBD、LES 和 RBS。
图片来源:美国空军空间与导弹系统中心 2012 年 2 月 15 日向评估委员会提交的
汇报材料《可重复使用助推器系统的成本 – SMC 研发计划》

评估委员会审查了 RBS 研发方案的大量环节。其中四个环节形成了成本分析的基础:

(1)基线方案。一次性运载火箭计划在 2031 年停止使用,RBS 的研发发生在一个一次性运载器可以支持整个运载器发射订单的时间框架内。RBS 的研制包括中等尺寸的 RBS 验证机,目前方案中计划采用美国版俄制 NK－33 富氧分级燃烧 ORSC 发动机(如美国产的 AJ－26 发动机)。根据这一基本方案,AFRL 支持的碳氢燃料助推器技术研发计划的时间节点并不能对助推器主发动机系统的研制产生明显影响。

(2)改进型一次性运载火箭。一次性运载火箭计划延长服役到 2040 年,这为完成 AFRL 支持的碳氢燃料助推器技术研发和为 Atlas V 研发一种 RD－180 替代型发动机提供了时间周期。这种新型的发动机将具有与 RD－180 一个量级的推力,但是其研制将采用 AFRL 目前碳氢助推器技术发展计划下正在研究的先进技术。这一个新型的替代型发动机也将会用于 RBS,中等规模的 RBD 也被纳入该研发计划中。

(3)加速发展的 RBS。开展这一环节的目的是检验将一次性运载火箭计划终止时间加速提前到 2025 年的可行性。这一环节将采用美国产的 AJ－26 发动机,但是去除了中等规模的 RBD,直接采用全尺寸的 RBS 进行验证。

(4)商业伙伴关系。这一环节假设一个政府支持的 RBD 研发和制造计划,采用美国产的 AJ－26 发动机,使用工业部门制造的全尺寸的 RBS,来满足美国空军和商业发射的需求。

在四个环节中对各种附加的不同方案进行了展开说明,包括在 RBS 的研发及其操作中不采用重型推力运载器方案。之所以对这些方案展开讨论,是因为评估委员会认为 RBS 构成重型推力运载器的方案为整个可重复使用运载器系统带来了巨大的技术挑战和风险,正如第 3 章所述。采用成对的可重复使用助推器构成重型推力运载器的构型方案,明显增加了系统的复杂性,特别是需要平衡结构载荷,进行安全分离,在一段空域内同时管理两个助推器的航空飞行等。面对已经出现的小型化的电子设备、应急需求、大型卫星模块化分解运输能力等特殊需求,评估委员会认为重型推力可重复使用运载器不能牵引 RBS 基本概念方案的设计,因为这种需求在将来会逐步消失,或者被替代型的空间运输能力所取代。因此,评估委员会在成本分析方案中没有对 RBS 构成的重型推力可重复使用运载器方案进行分析。

需要考虑的另外一个因素是美国空军目前的需求是采用两个独立的运输能力来满足其可靠、有效地进入空间的目标。上面讨论的几个环节均是基于这样的假设:目前的一次性运载火箭完全退役,而且 RBS 能够满足美国空军的全部发射任务需求。在这种情况下,RBS 发生的任何一个问题都将有可能危害/影响到整个美国空军的航天发射能力。一种有可能避免这种现象的可行方案是保持 Delta IV 的生产制造能力,并采用 Delta IV 满足重型推力发射任务需求。

以下进行的评估分析重点在环节(1)和(4)。环节(2)允许在推进 RBS 研制前进行碳氢发动机的研发,因此这方面产生的任何与 RBS 有关的决定将在几年后才能有结果。采用 RD-180 的替代型发动机将会使 RBS 的设计变得复杂，因为正如第 3 章所述，需要进行大发动机的推力调节。环节(3)也没有详细阐述，因为评估委员会审查后认为目前将现有的关注点放在火箭动力返回原场机动将会过于冒险。在下面的评估中，采用一个符号"-A"代表修正后的基本方案，里面不包含重型推力的 RBS。这些环节中，采用备选的重型运载器系统的方案也没有在成本分析中进行详细分析。

成本分析覆盖了 47 年的生命周期(2014—2061)，一次性运载火箭的成本由美国空军航天与导弹系统中心(SMC)的发射与航区系统部门(理事会)提供，RBS 的成本估计由 SMC 的发展规划部门提供。RBS 成本分析采用的方法见表 4.1，NASA/空军成本模型(NAFCOM)用于对设计、研发、测试和评估(DDT&E)的成本进行评估，而生产及合同优先方法用于对飞行器和发动机的成本进行估计。航空宇航公司建立了设计模型，该公司的发射设计模型也用于操作和设施费用模拟。

表 4.1　RBS 成本估计方法汇总

成本类别	成本模型/方法
设计研发试验及工程实现	
RBD(NK-33 发动机除外)	NAFCOM
RBS	NAFCOM
AJ-26 发动机研制	合同商估计 + OGC
LES	NAFCOM
RS-25E 发动机研制	N/A——由 NASA 研制
Castor 30(侧向并联布局)	NAFCOM[1]
Star 63D(侧向并联布局)	NAFCOM[1]
△DDDT&E(飞行测试计划完成后)	NAFCOM
生产	
RBS	NAFCOM
AJ-26 发动机	合同商估计 + OGC
LES	NAFCOM
RS-25E 发动机	合同商估计 + OGC
Castor 30	NAFCOM
Star 63D	NAFCOM
基础设施	
VAFB 用于发射 RBD 的 SLC-2W	VAFB 估计 + OGC

（续）

成本类别	成本模型/方法
VAFB 的 SLC – 3E	基础设施模型②
CCAFS 的 SLC – 41	基础设施模型②
CCAFS 新建的设施	基础设施模型②
运营操作和维护	
RBD 飞行试验计划	ODM②
RBS 飞行试验计划	ODM②
RBS 发射操作	ODM②
RBS 任务集成	基于 EELV 数据
RBS 的转场运输	基于 EELV 数据
发射场成本	基于 EELV 数据
支持系统成本	基于 EELV 数据

① 采用第一单元成本作为新的估计；
② 航空航天模型。

注：CCAFS 为卡纳维拉尔角空军发射站；DDT&E 为设计、研制、试验和工程化；EELV 为一次性运载器；NAFCOM 为 NASA/美国空军成本模型；ODM 为操作设计模型；OGC 为其他官方成本；VAFB 为范德堡空军基地。资料来源：美国空军空间与导弹系统中心 2012 年 2 月 15 日向评估委员会提交的汇报材料《可重复使用助推器系统的成本 – SMC 研发计划》

采用了一种保守的方法对飞行器的发射飞行频率进行假设。美国空军的分析是基于每年只有 8 次发射、一年 1 次重型载荷发射的频率，并没有考虑商业市场的发射需求。基于假设的飞行频率的任务模型见表 4.2。成本估计中其他的假设包括：

（1）产品的生产学习率对 RBS 和大型一次性级（LES）而言是 95%，对固体发动机而言是 98%；

（2）飞行 10 次后进行仓库级维护，飞行 20 次进行一次发动机更换；

（3）RBS 操作使用的时间和一次性运载火箭的退役有 5 年的时间交叠。

表 4.2　确定 RBS 飞行频率的相关基础数据

卫星类型	轨道类型	使用的 EELV 运载器	年平均发射频率
通信	GTO	Atlas V 531	0.64
气象	GTO	Atlas V 501	0.25
	SSO	Delta IV M	0.32
导航	MEO	Atlas V 401	1.96
导弹预警	GTO	Atlas V 411	0.31
	SSO	Delta IV M	2.12

卫星类型	轨道类型	使用的 EELV 运载器	年平均发射频率
情报	大倾角 LEO	Delta IV M + (4,2)	0.20
	大倾角 LEO	Delta IV H	0.29
	大倾角 LEO	Atlas V 541	0.20
	HEO	Atlas V 551	0.29
	极轨道	Delta IV H	0.29
	极轨道	Atlas V 401	0.16
	GTO	Delta IV M + (5,4)	0.50
	GEO	Delta IV H	0.50
年平均发射频率			8.00

注:EELV 为一次性使用运载器;GEO 为地球同步轨道;GTO 为地球同步转移轨道;HEO 为高地球轨道;MEO 为中高度地球轨道;SSO 为太阳同步轨道。数据来源:美国空军空间与导弹系统中心 2012 年 2 月 15 日向评估委员会提交的汇报材料《可重复使用助推器系统的成本 – SMC 研发计划》

4.2　对基本方案成本模型的评估

为了对 RBS 成本建模的方法进行评估,将 RBS 的成本分成四部分:飞行器、发动机、基础设施、操作。对每一部分的成本估计方法各不相同,下面将分别介绍。但是这些部分之间存在很强的交互关系,对其中的相互交联关系只能识别到低水平模型能够辨识的程度。所有的成本模型很大程度上是基于历史上多次一次性火箭发射飞行的数据得到的,由于缺少类似的无人驾驶 RBS 这类重复使用系统的数据,因此很大程度上不够完善和全面。

4.2.1　飞行器

飞行器的成本估计包括 DDT&E 以及除了发动机之外全部飞行硬件的制造成本,飞行硬件包括 RBD、RBS、LES 子系统(均不含发动机)。

4.2.1.1　模型

采用 NASA/美国空军成本模型(NAFCOM)对所有飞行器的成本进行估计。NAFCOM 是一个基于 NASA 和美国空军历史上火箭发射任务和航天系统数据库建立起来的参数化成本估计模型。评估委员会认为,NAFCOM 是一个进行成本估计的合适工具并相信这一概念的成熟度,尽管自底向上的成本估计方法将会进一步增加成本估计的可信度。

4.2.1.2　输入与假设

NAFCOM 的输入包括子系统级的质量以及其他系统特性。对于基本的

RBS 概念各系统质量见表 4.3。

表 4.3 NASA/美国空军成本模型估计中用到的 RBS 质量分解

项目	RBD	RBS	LES	Castor 30	Star 63D
	质量/kg	质量/kg	质量/kg	质量/kg	质量/kg
结构和机构	6659.96	27315.24	10378.70	111.66	0
飞行器结构和机构	4661.93	19320.84	5783.50	—	—
贮箱结构与机构	1998.03	8280.36	4595.21	—	—
热控	0	0	430.74	16.79	4.09
RCS 系统	137.53	518.80	53.56	33.59	19.97
主推进系统(不含发动机)	828.35	4277.03	1639.01	—	0
电源及配电系统	770.26	1759.29	453.44	100.76	41.30
指挥控制和数据处理	758.91	758.91	107.12	117.56	27.23
制导导航与控制需要	132.99	132.99	80.34	55.83	13.62
着陆系统	855.13	2724.26	—	—	—
火箭发动机/电动机	1397.53	10085.94	4010.14	682.20	167.94
干重	11540.67[①]	47858.87[①]	17152.59[①]	1118.39	274.15
总的起飞质量	80318.52	450650.22	180599.24	16949.70	3527.20
	尺寸/m	尺寸/m	尺寸/m	尺寸/m	尺寸/m
长度	19.20	33.04	39.72	9.05	3.66
翼展	10.67	18.32	—	—	—
直径	2.90	4.91	4.57	2.35	2.35
高度(起落架收起)	6.10	10.30	—	—	—
高度(起落架放下)	7.22	12.47	—	—	—

① 包含了 25% 的干重余量

注:LES 为大型一次性使用级;RBD 为可重复使用助推器验证机;RBS 为可重复使用助推器系统。资料来源:美国空军空间与导弹系统中心 2012 年 2 月 15 日向评估委员会提交的汇报材料《可重复使用助推器系统的成本 - SMC 研发计划》

提供给 NAFCOM 作为输入的其他系统特性包括系统技术成熟度需考虑的因素、研究计划(项目)管理的方法,对这些因素的成本估计使用的是基于历史上的项目数据折合处理的结果。特殊的输入因素包括下面几点:

(1)制造方法。这个因素对应了产品生产过程中采用的制造方法的标识和制造方法的成熟度,其目的是表明所采用先进制造技术的水平。该因素的变化可从最小程度变化到最大程度地采用先进制造技术,如实时传输、条形编码、机器人加工、商业现成产品(货架产品)、外购。

（2）工程管理。这一因素描述了管理方法的不同，从很少改变的流水线型串行活动到广泛分布的具有规范化处理和管理界面的团队合作。在流程的一端是作为假设的最少数量的设计改变，设计团队最大程度地利用高效的臭鼬工厂团队工作方法、快速原型、设计到成本分析等。在流程的另一端是假设分布式的设计团队等着根据前端输入进行主要技术进步或者期待他们将会频繁地带来主要需求和设计的改变。

（3）设计水平。这一因素代表了飞行器设计的技术水平，并取决于从以往飞行器项目中继承了什么内容。较高的设计水平参数表示设计的项目从以往型号中继承了很少的内容，反之亦然。设计水平参数的选项范围从非常低的值（代表已有飞行器的再次飞行）到中等数值（代表对已有设计进行了明显的改进）直到达到较高值（代表一个全新的设计）。

（4）资助的可行性。这一因素代表了因为资金资助限制导致的项目研发推迟的可能性，资金限制导致执行过程中的无效。资助可行性的范围包括：资助有保证不可能有延迟、延迟有可能但不是很频繁、资金很有限延迟很有可能。

（5）测试方法。这一因素代表了系统研发过程中对测试需求的程度，也反映了预期存在并被设计的试验计划所验证和识别的风险的数量。该因素的变化范围包括最少测试（大量采用仿真和分析）、中等测试（以样机或者样机飞行水平进行验证）、最大程度使用测试进行验证（最终产品水平上进行资质测试）。

（6）项目界面。这一参数代表了研发项目外部界面影响运载系统设计和研发的程度，也表明了可能的与多个合同商或研究中心的界面数量。该参数的变化包括低或者高数目的主要界面，包括多个合同商或研究中心。

（7）研发前的研究。这个因素代表了支持飞行器设计的分析的深度，也表明了设计和研发开始之前已经进行的或者正在进行的研究工作的水平。这一参数的变化范围包括：A 和 B 阶段两个甚至更多个研究合同，9 个月以上的研究周期；一个研究合同，有 9~18 个月的研究周期；C 和 D 阶段有 9 个月以下的合同。

有两个因素 NAFCOM 成本建模方法没有考虑：供应链的宽度，特别是依靠单一供应商的影响，以及商业发射市场可能会对未来发射成本产生影响的程度。重复使用助推器对美国航天发射工业的潜在影响难以预测。基本的 RBS 计划假设 8 个助推器就可以满足整个 RBS 寿命周期内美国空军的全部发射任务需求。这些飞行器的成本模型和相关的配套工业支持系统的成本模型在很大程度上是缺失的。下一节将讨论 RBS 对商业发射市场的潜在影响。

评估委员会评估了美国空军成本分析时采用的对 NAFCOM 成本模型的输入，以及对其他系统特性的描述，如图 4.2 所示。评估委员会认为这些输入因素对于描述 RBS 概念目前的特性而言是恰当的。

成本模型中在飞行器设计和进度规划方面考虑的因素

制造方法：

• RBD	最大方法	重要方法	温和的方法	最小方法	有限的方法
• RBS	最大方法	重要方法	温和的方法	最小方法	有限的方法

工程管理：

• RBD	最大调整	几乎没有调整	中等程度调整	敬业的团队	分布式团队
• RBS	最大调整	几乎没有调整	中等程度调整	敬业的团队	分布式团队

设计水平：

• RBD	1级	2级	3级	4级	5级	6级*	7级	8级
• RBS	1级	2级	3级	4级	5级	6级	7级	8级

经费保障：

• RBD	无推迟	可能有不经常的推迟	很有可能推迟
• RBS	无推迟	可能有不经常的推迟	很有可能推迟

测试方法：

• RBD	测试最少	测试规模适中	测试规模最大
• RBS	测试最少	测试规模适中	测试规模最大

项目交接面：

• RBD	交接面最少	交界面适中	交界面规模庞大
• RBS	交接面最少	交界面适中	交界面规模庞大

项目启动前的预研：

• RBD	2个甚至更多个研究合同	一个研究合同	研究周期不超过9个月
• RBS	2个甚至更多个研究合同	一个研究合同	研究周期不超过9个月

图 4.2　NASA/Air Force 成本模型中的其他附加输入。资料来源：美国空军空间与导弹系统中心 2012 年 2 月 15 日向评估委员会提交的汇报材料《可重复使用助推器系统的成本 – SMC 研发计划》

4.2.1.3　结果、敏感性和不确定性区域

图 4.3 描述了飞行器成本对假设的设计继承特性和对工程管理因素的敏感性。很明显，由于 RBD 的影响，DDT&E 成本显著降低，在项目进入全尺寸研发阶段时，这将增长 RBS 飞行器设计的信心。NAFCOM 模型输入条件中 RBS 的假设条件可能的变化包括：设计继承性（设计水平 1 ~ 8）、工程管理（管理水平 1 ~ 5），这些条件的变化可能造成 RBS 的 DDT&E 估计结果增加 50% ~ 100% ，尽管用于基本成本估计的假设条件看起来是合理的。

4.2.2　发动机

发动机的成本估计包括 DDT&E 和生产。对于 RBD，第一级采用一个 NK – 33 发动机，配备的第二级采用 Castor 30 和 Star 63D 固体发动机。RBS 在重复使用第一级中使用 5 个 AJ – 26 发动机，一次性上面级采用一个 RS – 25 发动机。可重复使用的 AJ – 26 发动机假设的指标是每 10 次飞行进行一次更新维护，每 20 次飞行进行一次更换。

4.2.2.1　模型

进行发动机成本初步估计的模型和方法均是供应商特有的，尽管这些模型依赖于关于重复使用需求的相关假设，当基于相似的工程应用时这些模型通常

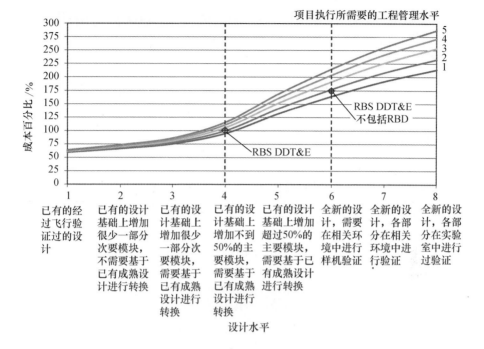

图 4.3　NASA/Air Force 成本模型中输入条件根据 DDT&E 计划中基线构型 RBS 的设计
归一化后,成本对设计技术成熟度的敏感性(是否需要有从已有设计转化移植来的技术/
系统)。资料来源:美国空军空间与导弹系统中心 2012 年 2 月 15 日向评估委员会提交的汇
报材料《可重复使用助推器系统的成本 – SMC 研发计划》

是精确的。关于重复使用需求下的相关假设带来了一些不确定性。

4.2.2.2　输入和假设

由于这些模型是专利,用于发动机成本估计的特定的参数输入和假设均条
件,美国空军没有向评估委员会提供。

4.2.2.3　结果、敏感性和不确定范围

美国空军向评估委员会提交了发动机成本估计的结果,并在分析中进行了
描述。但是分析的数据是比较敏感的(有一定密级),本报告中没有涵益这部分
初步的分析数据。

4.2.3　配套设施成本

配套设施的成本估计包括为支持 RBD 和 RBS 操作所进行的主要建设和设
施改造成本。

(1)模型。采用航空宇航公司的设施成本模型进行全部发射设施的成本估
计。这一模型描述了每一个发射场的共用设施,包括发射场准备、使用、活动成
本,也包括了不同发射场的特殊成本的不同之处。

（2）输入和假设。对于 RBD，对 VAFB SLC - 2W 发射台的改造是唯一的发射设施投资；对于 RBS，需要在 CCAFS 新修建一个发射台，并对 SLC - 41 进行改造，还要在 VAFB 对 SLC - 3E 发射台进行改造。

（3）结果、敏感性和不确定范围。评估委员会对配套设计的成本估计结果进行了评估，这些成本估计看起来比较合理并反映了相关的假设条件，但是正如第 3 章所描述的那样，可重复使用需求带来的影响有一些不确定性。

4.2.4 操作成本

操作成本估计包括了飞行操作和飞行器周转期间的全部的人力和配套支持需求。一次性硬件的成本和 RBS 飞行器维护更新的成本也加入到了操作成本中，但是需采用不同的方法进行估计。

（1）模型。采用航空宇航公司的操作设计模型进行操作成本估计，算法的基本结构示意如图 4.4 所示。

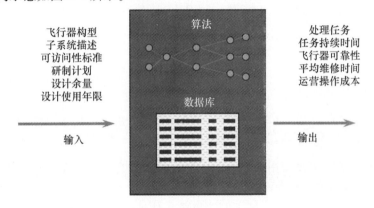

图 4.4　Aerospace Corporation 的操作性设计模型。资料来源：美国空军空间与导弹系统中心 2012 年 2 月 15 日向评估委员会提交的汇报材料《可重复使用助推器系统的成本 - SMC 研发计划》

（2）输入和假设。成本估计是基于 188 个能够满足可重复使用助推器下次发射准备的类似航天飞机的任务集合而开展的。不同设计或方法带来的操作性能的提升水平支持了其中每一个任务获得期望的效果。

（3）结果、敏感性和不确定范围。表 4.4 列出了美国空军分析报告中员工配置费用的分析结果。在评估委员会看来，这些员工操作水平有点低，因为他们的水平与目前一次性运载火箭的操作相比有点低。在评估委员会看来，操作成本估计中没有清楚地体现出重复使用相关的成本，如飞行后的检测、维护更新等，这些工作在员工成本中是应该足以得到体现的。表 4.5 列出了操作成本估计结果对地面周转时间的敏感性。这一敏感性并不明显，不像以前对重复使用系统相关研究中的结果,很可能是因为分析假设的相对低的发射和飞行频率并不能对发射飞行器的处理流程带来很大压力。

表 4.4 RBS 所需人员配置估计结果[①]

部门	RBS 所需人员估计					
	CCAFS	VAFB	共用	Atlas I/II	Delta II	Titan IV
飞行器处理(手工劳动)	43	43	—			
飞行器工程操作	—	—	15			
有效载荷组装	8	8	4			
飞行/任务操作	7	7	5			
飞行软件工程	—	—	12			
后勤保障/物流	8	8	5			
发射支持设备	18	18	6			
基础设施维护	14	14	8			
着陆场操作	22	22	—			
管理	6	6	—			
总计	126	126	55	325[②]	175[②]	1336[②]
	307					

① 假设所有员工均为合同工;

② 引自 C. L. Whitehair, Cost of Space Launch Systems, Aerospace Corporation, June 1994.

数据来源:美国空军空间与导弹系统中心 2012 年 2 月 15 日向评估委员会提交的汇报材料《可重复使用助推器系统的成本 – SMC 研发计划》

表 4.5 成本对发射处理时间的敏感性分析

发射处理所需的工时	每年 8 次发射任务下变化的操作成本	固定的操作成本	每年 8 次发射任务下平均每次的发射成本	包含生产在内的总成本
1X	1X	1X	1X	1X
2X	1.06X	1.05X	1.06X	1.02X
5X	1.28X	1.13X	1.22X	1.07X
10X	1.50X	1.23X	1.38X	1.12X

数据来源:美国空军空间与导弹系统中心 2012 年 2 月 15 日向评估委员会提交的汇报材料《可重复使用助推器系统的成本 – SMC 研发计划》

4.2.5 成本模型评估小结

评估委员会对不同 RBS 成本估计结果的可信度的顶层定性评价如图 4.5

所示。由于没有一个底层的成本估计方法来平衡处理基于 NAFCOM 模型评估方法中的不确定性,很难对估计结果给出比较高的可信度评价。对发动机成本的估计可能被认为是可以与底层的成本估计结果相比较,因为这部分估计模型是由提供发动机的组织确定的,但是与可重复使用性需求相关的不确定性在一定程度上降低了估计结果的可信度。

这些成本估计看起来是基于一些优化的假设条件,考虑对已有设施的重复使用,并且考虑对新设施的需求来确保支持重复使用性。对人力成本的估计看似比重复使用系统的期望值低一些,这些结果与一次性火箭使用的结果基本相同。一次性运载火箭具有很低的操作需求,因为整个火箭是一次性的。

	成本置信度		
	低	中	高
飞行器		X	
发动机		X	
基础设施	X	X	
操纵运行	X		

图 4.5　成本估算中的置信度

4.3　RBS 商业运营模式

4.3.1　方法和假设

这项研究中,RBS 商业运营案例采用美国空军的成本估计模型(NAFCOM)比较了 RBS 与有竞争性的一次性火箭包括商业发射火箭的成本。结果表明,非常保守的发射频率(每年发射 8 次)严重影响重复使用概念在经济性方面的优势和吸引力。

4.3.2　结果、敏感性和不确定范围

图 4.6 比较了在每年 8 次的发射频率下,RBS 每一环节的累积成本估计和当前一次性运载火箭的成本。这个比较的前提是假设 RBS 在 2032 年具备初步操作运营能力(IOC),在本次比较中一次性运载器也在这一时间开始运营。其中一次性运载火箭的成本是在目前成本基础上考虑通货膨胀的影响进行适当调整后的结果。考虑了环节 1、1A、4A,线①、线②表示累积成本中结果的变化,4A 环节的成本是图中的线③。由图中可以看出,采用目前的成本估计方法时,不考虑重型推力可重复使用运载器方案对 RBS 的需求并不会对 RBS 的成本估计产生显著影响,但是评估委员会认为,重型推力 RBS 方案确实会对 RBS 产生显著

的技术风险,这一点在目前的成本估计模型中并没有体现出来。

需要指出的是,RBD 和全尺寸 RBS 的研发成本与目前的一次性运载火箭操作成本是并行发生的(图4.6 中没有体现出在 RBD 和 RBS 研发过程中 EELV 运营所产生的成本),因此除了规划的发射所需的成本外,空军还主张另外需要额外的资金支持。还需要指出的是,RBS 成本曲线的损益平衡拐点发生在 IOC 之后很短时间内,并与环节评估相互独立。因此,一旦后续研发 RBS 能力的投资到位,与 EELV 相比的成本收益将会很快实现。

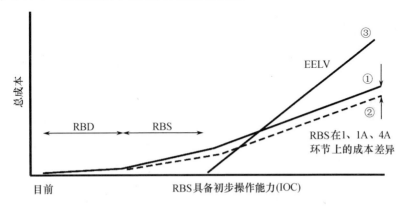

图4.6 可重复使用助推器与一次性运载火箭的成本对比

这些结果很大程度上与美国空军和航空宇航公司提交给评估委员会的成本模型是一致的,尽管这些成本发展趋势与美国空军需要保留两个独立的发射系统的需求不太吻合。如果某型 EELV 能够满足这一需求,线①、线②的斜率将会更陡,而且 EELV 系统的成本收益平衡拐点将会向后推迟。

对于 RBS 每一部分的成本估计都有很大程度的不确定性,特别是与第 3 章中识别出的技术风险相关的区域。这些不确定性意味着到达 IOC 的资金需求很可能发生显著增长也是合理的。而且,如果每次飞行所需的成本增加,将会进一步增加累积资金成本的斜率,很可能推动可能的损益平衡点进一步跳出图片之外。如果 RBS 的可操作性提升可以得到验证,特别是 EELV 成本持续增长超过通货膨胀,上述成本比较图中曲线的可信性将会进一步提升。

4.3.3 商业发射活动的影响

影响 RBS 运营的最大成本不确定因素就是商业发射活动的影响。SpaceX 公司 Falcon 9 一次性中型商业运载器的广告报价目前是 5400 万美元(2010 财年)。SpaceX 公司已经与 NASA 签署了一项包括向国际空间站(ISS)开展 12 次发射运送任务的合同,总价 16 亿美元,每次发射成本约 13300 万美元。由于 ISS 的需求不单单是无人的货运任务,从政府的观点来看,后者的报价是商业发射活动的较为合理的报价。发射国防部任务载荷的一次性运载火箭的成本很可能会更高,因为政府监督下重点关注确保满足任务的需要。反之,研制一种能够满足空军发射需求的商业发射能力将会带来真正的竞争和整个发射成本的降低。

图4.7根据图4.6中展示的信息比较了几种假定的情况,线④、线⑤代表了满足空军发射任务需求的成本,包括根据商业模式运营的商业一次性运载火箭,或者是 NASA 监管下的商业一次性运载火箭的成本(以 NASA 主导的向 ISS 执行发射任务的成本作为代表)。很明显,一次性系统的成本从来不会超过 RBS 的累积成本曲线。很可能有几种原因导致发生这种现象:其一,美国空军没有向商业发射运载器的研发投入过资金,因此当他们的成本是通过超过美国空军的更大范围的消费者群体来共同买单时,在美国空军的发射任务中,将来的一次性运载器将开始变得有成本优势;其二,这种比较是一种已有的系统与一个正在设计的 RBS 概念间的对比,而且 NAFCOM 的成本估计模型提供了输入因子来考虑设计的不完善;其三,支持 NAFCOM 的数据库是根据以前多个政府主导的计划的成本信息编制的,因此估计出的成本可能不能代表根据企业运营模式下开发新型运载器的成本估算结果;最后,RBS 的成本估算方法没有考虑商业发射市场中新兴的发射任务提供商带来的成本竞争压力。

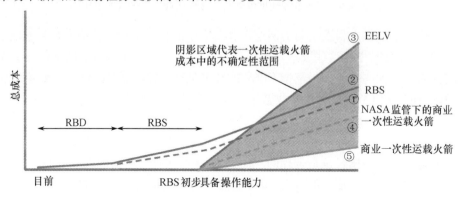

图 4.7 RBS 与 EELV、商业火箭及其他运载方案的成本对比

图4.7 中的商业线代表了满足美国空军发射需求的潜在成本谱线的最低边界。正如前文所述,满足空军确保进入空间任务的需求下所需的发射成本将会比 NASA 监管下执行发射任务的成本更高。因此,按照这种观点,整个一次性运载器的成本区域可看做是成本不确定性的散布区域。

了解了一次性运载器成本中的不确定性后,当 RBS 的成本与目前 EELV 操作成本进行对比时,RBS 研制的商业例子并不像图4.6 中描述的那样清晰。今天,大量的商业组织在追求大范围的多样化的新型运载器概念,而且不断出现的商业市场力量将会对历史上形成的成本估计方法带来挑战。

4.4　其他事项及成本估计的可信性

其他多种因素也会从正面或者负面影响 RBS 计划的生存和发展。比如,政府通常会很明确地要求保持多种满足发射需求的备选方案,美国空军已经明确了要采用两种发射系统来满足其"确保发射任务可靠完成"的重要标准。研究已经表明,如果在一个竞争性的市场环境下并且持续进行市场竞争,发射成本可以降低 10% ~ 50% 。依靠单一的发射系统或者单一的发射服务供应商,将不能得到这样成本优势。但是,如果是采用美国空军比较模型中假设的较低数目发射任务,竞争带来的潜在优势将会被削弱。为了有限的较低频次的发射任务而维护一个工业基地的相关固定投入费用将会有可能远远高于竞争中获得的成本收益。因此,保持两种发射系统可能显著增加未来采用 RBS 相关环节的项目研制成本。与此相反,研制一种能够满足空军发射需求的商业发射能力可能带来真正的竞争和整个系统成本的降低。

另外,本节的分析重点关注的是可重复使用助推器系统的可行性及其在美国空军提出的时间节点内能否成功飞行。但是,前面的章节已经详细阐述了大量的重要技术领域(如火箭动力机动返场),其中存在着大量的技术和时间进度不确定性。而且,持续的不稳定资金支持也推迟了项目的研发。突破技术障碍的延迟是非常明显的,也会对成本折衷和前文中的损益平衡点的改变带来负面影响。因此,技术成熟度水平会从其他方面为实现 RBS 和 EELV 的成本公式平衡带来不确定性。

第5章
计划的执行

正如附录 A 中的评估工作要求所描述,评估委员会要对目前 RBS 研制计划所参照的标准和所基于的假设条件进行评估,并对目前的技术发展规划对 RBS 研制计划主要节点的满足情况进行评估。目前,评估委员会只是了解到了 RBS 研制计划中的很少一部分细节框架,由于缺少更多的细节信息,评估委员会对 RBS 研制计划的审查很可能是仅限于起步阶段。本章对现有的 RBS 研制计划进行了全面的审查和考虑,并从以往运载器研制计划中给出了很好的实践建议。

首先,RBS 研制计划应该分阶段进行,其研制阶段的划分应该是按照能够系统地降低或者去除风险的特殊框架来进行。研制计划应该提前确定好各个研制阶段结束后作出是否开展下一阶段工作的决策节点及决策判断标准,一旦这一阶段完成后的技术或者计划性的风险低于给定的水平,就可以在这些决策节点上作出决策判断。表 5.1 给出了美国空军定义的 RBS 计划的主要风险,评估委员会对这些风险进行了评估。

以下章节介绍了推荐的能够降低系统风险的研制计划结构、决策节点,也明确了其他的比较重要的计划性因素和审查观点。

表 5.1 按照预测的危险程度进行排序的 RBS 研制风险

研制风险	本报告中对应的章节
风险 1:火箭动力返回机动	3.3
风险 2:富氧型分级燃烧循环碳氢燃料发动机	3.2
风险 3:上面级分离	3.6
风险 4:自适应制导与控制	3.5
风险 5:集成飞行器健康管理	3.4
风险 6:能够提升地面周转快速性的相关技术	附录 F

5.1 降低系统风险的研制阶段划分方法

尽管有个别的不同方案,美国空军向评估委员会提交了高水平的 RBS 研制发展计划,但是没有提交更为详细的系统的细节计划。正因如此,评估委员会从降低风险的角度提出了一个系统的 RBS 研发项目发展计划(图 5.1)。评估委员会认为完成 Pathfinder 研制阶段、重复使用助推器 RBD 概念设计阶段,并应该对支持其相关设计工作的技术成果通过重要的飞行试验完成攻关和考核,之后委员会才能寻求资金资助来推动后续的 RBS 研制计划。另外,评估委员会认为在开展 RBS - Y 研制工作之前,应该完成技术验证机和 RBS - Y 的概念设计,并通过成功完成重要的飞行试验对相关重要技术进行考核验证。完整的 RBS 研制计划分为 8 个阶段,一些是串行的一些是并行的。各阶段之间以及某些阶段完成后都有决策判断节点,以确保风险降低的目标已经成功实现并且足以支撑后续阶段工作的开展。

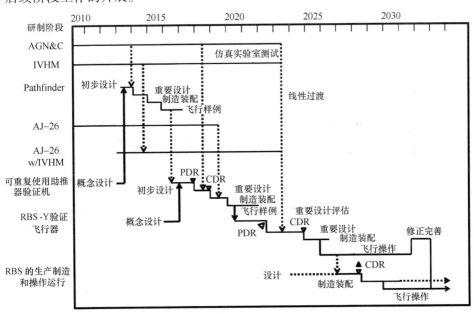

图 5.1 评估委员会提出的降低 RBS 研制风险的各个阶段分布。

注:AGN&C 为自适应制导导航与控制;CDR 为重要设计评估(critical design review);

IVHM 为集成健康管理;PDR 为初步设计评估(Preliminary design review)

5.1.1 AG&C 研制阶段

自适应 AG&C 能力的研发对于 RBS 项目中 Pathfinder 的研制非常关键。这项技术必须足够成熟才能与 Pathfinder 验证机结合在一起开展火箭动力 RTLS 机动、滑翔及着陆飞行试验。这项工作的完成将会在一定程度上降低表 5.1 中的风险 4,如果这项技术不够成熟将会导致 Pathfinder 首次飞行的推迟,并可能会危及 RBS 项目的开展。为了应对潜在的子系统故障模式,在开发助推器飞行软件的阶段有一项非常重要的工作就是需要在仿真实验室中对 AG&C、IVHM 及助推器作动器组合在一起进行大量的综合测试。关键的一点(评估的标准)是具备了成熟可用的 AG&C 技术,能够与 RBD 结合实现快速的地面处理操作,完全去除风险 4。

5.1.2　IVHM 研制阶段

在 Pathfinder 飞行测试过程中,为了配合 AG&C 系统技术验证需要初步版本的 IVHM。在 RBD 研制阶段需要一个改进版本的 IVHM,以支持飞行测试和对地面周转操作的验证。为了支持可重复使用性目标所提出的可操作性需求,需要在新型 ORSC 发动机的设计中集成并加入合适的 IVHM 传感器,这将部分降低风险 5。RBS – Y 助推器必须配备经过充分的全面考核的 IVHM,以完全消除风险 5。在开发助推器飞行软件的过程中,在仿真实验室中对 AG&C、IVHM 及助推器作动器组合在一起进行大量的综合测试将是一项非常重要的工作步骤。

5.1.3　RBS 的 Pathfinder 阶段

缩比型可重复使用助推器的飞行试验项目主要是应对风险 1,其次是风险 4。尽管马赫数和高度均较低,这些飞行试验的主要目的是验证火箭动力转弯机动的可行性。如果 Pathfinder 能够验证飞行器的气动控制和转弯机动过程中发动机(增压)供应系统的推进剂控制,将会部分降低风险 1,对飞行控制过程中 AG&C 性能的验证将部分降低风险 4。为了降低 Pathfinder 飞行试验阶段的风险,RBS 项目的研发计划中应当考虑设置至少两个有一定竞争性(性能差异不大)的飞行器概念和方案进行飞行验证。通过这种手段将会提升飞行试验的成功概率并且可能提高和推动 RBD 助推器的设计水平,使其更具有鲁棒性。如果两个这种 Pathfinder 飞行器均不能成功完成和验证火箭动力转弯飞行和 RTLS 机动,那么就需要对 RBS 项目的研制方法进行重新评估。这是评估委员会决定是否对 RBS 项目研制继续追加资金投入的重要决策节点。

5.1.4　助推器发动机研制

研制 RBS 需要的可重复使用富氧型 ORCS 碳氢发动机可能分两阶段开展:首先通过一个美国版本的俄制 NK – 33 发动机(如 AJ – 26)实现一定程度的可重复使用;其次设计和改进更现代化版本的 AJ – 26 发动机或者研制一款新型的

ORCS 发动机。新研制的 ORCS 发动机将提升可重复使用性并集成了 IVHM，这就为 AG&C 系统处理飞行过程中的异常或意外提供了输入，并增加和提升了助推器实现地面周转的能力。

5.1.4.1 AJ－26 发动机研制阶段

为配合 RBS 验证机阶段的工作，AJ－26 发动机的研制阶段与 Pathfinder 阶段同步进行。基于 NK－33 发动机研制一款纯美制的 ORCS LO$_2$/RP－1 火箭发动机(AJ－26)来满足 RBD 所要求的重复使用的目标，如果美国版本的发动机不能实现，将采用几个 NK－33 发动机开展 RBD 飞行试验。

5.1.4.2 新型 ORCS 发动机研制阶段

新型 ORCS 发动机的研制与 Pathfinder 及 RBS 验证机的研制并行开展。这一款发动机将是美国航空航天工业部门的新进步，将会采用全新的设计，包括设计、研发、测试、评估技术的发展，特别是材料、工艺处理及与 IVHM 传感器的集成方面。AJ－26 的进一步发展将非常有信心能够满足这一需求。为了不采用美制 AJ－26 发动机上使用的复杂涂层方法(涂层工艺)需要采用新材料，这种新材料需要能够适应富氧、高压的工作环境。ORCS 发动机需要降低积碳来提升发动机的可重复使用性能。非常重要的一点是，选取的任何一种新材料都要满足 LO$_2$ 环境需求并具有合适的特性，还需要有合理的加工制造成本。为了提升 AG&C 能力，这种发动机需要集成 IVHM 传感器，以能够提供对飞行过程的健康监控能力。在项目规划中已经对这种新型发动机的研制成本和风险降低情况进行了识别和阐述。这一阶段工作的成功完成将会完全消除风险 2 和发动机部分的风险 5。

5.1.5 可重复使用助推器技术验证机阶段

这一阶段自成功完成 Pathfinder 验证机飞行试验开始，并与正在开展的 ORCS 发动机研制并行开展。RBD 由一个规模更大但是仍然是中型规模缩比的技术验证飞行器构成，这个验证机重点关注在更接近全尺寸助推器的条件下对火箭动力转弯 RTLS 进行验证(完全消除风险 1)，进一步研制 AG&C(风险 4)，验证飞行器级别的 IVHM(风险 5)以及启动对再次复飞前快速地面周转技术的研发(风险 3)。RBD 也用于采用小型上面级验证二级分离(风险 3)。为了在全面开展全尺寸 RBS－Y 研制前具有足够的主动权，新型 ORCS 发动机和 RBD 阶段的研制工作需要几乎同步成功地完成。这一工作的完成将会构成支持 RBS－Y 设计的第二个主要的计划性节点。

5.1.6 RBS－Y 飞行器研制及验证阶段

本阶段中，两个 RBS－Y 飞回式助推器、大型一次性上面级、整流罩、地面设施(CCAFS 的发射操作设施)均为 RBS 的全尺寸样机。这一阶段的研制工作包括对系统需求情况、原理设计、概念设计、产品状态的全面规划和评估。验证飞行器的研制和飞行试验是为了验证整个项目研制计划的需求并消除仍然存在的各项风险。基于 RBS - Y 飞行器飞行试验和地面操作的经验,在正式 RBS 产品生产阶段中将会进行适当的改进来更好地实现 RBS 项目的目标和预期。如果这一阶段不能顺利地成功完成,就需要对整个 RBS 项目进行重新评估。

5.1.7　RBS 产品生产阶段

在这一阶段,将会生产助推器产品列表中未生产的其余产品(按照每个技术基线状态中 6 个飞行器或者评估委员会提出的每次两个飞行器,见 5.3.5.3 节),并且根据前期验证阶段的经验和教训对两个 RSB - Y 飞行器进行适当改进。助推器不断制造,并以较低的频率授权进行第二级和载荷整流罩的制造,CCAFS 和 VAFB 的发射台组合体及相关的发射支持设施将会进行适当的改造。如果可以用同样的发射设施和飞行器完成发射任务,整个 RBS 将可以重复操作轮流使用来满足美国空军及其他政府部门的发射需求。

5.2　项目的计划性

结合近期其他运载器研制计划中的经验教训(主要是改进型一次性运载器,EELV)将会对 RBS 项目的发展战略提供重要的参考和有益借鉴。

5.2.1　风险降低程度的跟踪方法

直接的风险降低程度跟踪方法是采用基于时间轴的红、黄、绿图表,每一种风险用一条线的形式描述,风险降低的程度(由红变黄再变绿)根据成功完成指定的事件或者验证(风险降低计划)工作的程度确定。

这种风险控制图一直在目前的工业部门广泛应用,来反映风险降低活动的完成情况,也展示每一个内部和对客户计划的整个流程关系。这种方法有一定的主观性,但是为项目管理直观地提供了事件相互间的关系,也为项目工程师提供了当前发生的各种情况。更为复杂的解析分析方法不能有效分析数据生产的过程,也不能更好地提供风险降低程度的直观性和可见性。图 5.2 是评估委员会提出的一个应用于 Pathfinder 项目的例子。

5.2.2　方案调整的思路

Atlas 和 Delta 型 EELV 已达到了非常高的发射可靠性,这一定程度上是因为每一项研发计划都形成了一个制度化的持续改进的发展路线和思路。当

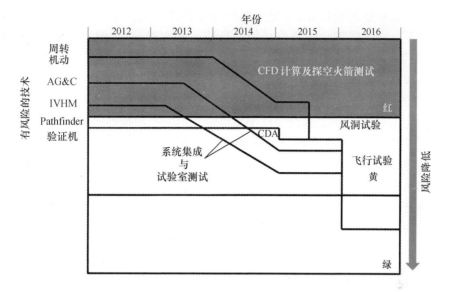

图 5.2　火箭动力返回原场机动飞行的风险降低流程案例示意图

Atlas 和 Delta 均是商业发射运载器发展计划时就达到了这一程度,而且当他们加入到联合发射联盟后仍然保持了这种情况。这种方法需要在项目预算中考虑项目调整因素进行适当分配,并且支持非官僚主义的处理流程,配合严格的系统工程过程,允许快速地完成系统改进。当在采购、制造或者发射操作过程中发现了困难或难题,可以很快地识别出难点/修正措施、进行分析并提供给工程审查委员会(ERB),包括应用成本预估和逐渐采用的计划安排,对合同商的计划管理给出是或否的决策,并提供执行时的预算需求。

　　这一过程没有考虑调整带来的对成本节约结果的估计需求,也不包括征得消费者授权和资助而进行的工程项目调整方案(ECP)准备。在大多数情况下成本节约是很难计算的,因为目前通过调整意识到的问题影响了"潜在工厂"(造成质量问题的难以建立或者操作的硬件)。Atlas 计划采用持续改进获得的成本降低收益明显高于进行方案调整所花费的成本。这些调整也带来了一个更鲁棒的运载器、更流畅的流程化运载器操作、持续参与卡壳的困难问题和提升产品性能的人力队伍和资源。

5.2.3　构型/配置/布局/框架识别和管理

　　仔细完整地识别和辨识缩比验证项目的构型(Pathfinder 和 RBD)对于确保后续全尺寸飞行器设计能够清楚哪些内容是已经验证和测试过的将会极其重要。当对这些飞行试验项目进行调整时,必须进行全面和充分的证实和文档记录。

　　对于全尺寸 RBS 中的各个部分,必须进行严格的构型控制。这对于一次性上面级和载荷整流罩来说是非常简单和直接的,因为这些部分在每次发射中都被丢弃了。对这些部分的调整必须进行证实和文档记录,但不需要进行改型(花样翻新)。但是对于重复使用助推器的构型控制必须进行细心的管理,以确保改进和调整能够适应整个助推器产品列表中的全部助推器。毋庸置疑,在RBS – Y 飞行器操作过程中要进行很多调整,一些调整将会需要立即能够适应并保持到飞行状态,但是其他一些调整将会到第一个助推器产品飞行器阶段才进行硬件调整。一旦几个产品助推器已经完成了技术状态确认可达到飞行状态,就需要对两个 RBS – Y 飞行器进行改型以确保能够适应目前的设计状态改变。如果采用 5.2.2 节的持续改进的流程框图,对产品飞行器的改进和调整将会持续进行。为了更好地进行管理,对助推器的使用采用主从决策的方法将会比较有利。如果其中一个助推器将要用于进行下次任务而其他助推器保持目前状态,对于存贮的助推器可以采用非立即实施的调整,这也不会影响飞行操作。

5.2.4 成本管理

RBS 项目非常庞大,从其研发直到形成运载器系统的整个过程中,不可避免地要进行详细的成本审查。从项目一开始就要采用标准的成本管理技术(包括收入成本管理),各个研制阶段决策节点的会议成本目标与技术决策节点的目标同样严格。可以采用两种资金模式:项目预算应按照最多花费总成本的80% 来编制,在项目的每一个阶段应该留有 25% 的管理成本结余,直到最后形成一个固定价格的投入实际操作运营的飞行器。

包括 Nunn – McCurdy 系统在内的监管过程的最大问题是大多数航天系统发现或者把他们自己放在一个这样的位置上——他们所能提供的航天能力对国家安全非常重要。因此,下面的问题就是是否有一种能够以较低成本完成这种航天任务能力的替代方法。如果一个项目通过花费数十亿美元实现了风险降低,那么它后续运营中不可能找到一种低成本的航天发射方案。天基侦查系统、国家极轨运行环境卫星系统(NPOESS)甚至今天的 EELV 都是经历过或者正在经历大量的成本增加,而且在违背了 Nunn – McCurdy 系统之后仍在继续增加成本,包括正在进行的系统重建,这是因为目前没有其他更好的备选方案。最后,整个项目的系统层面的决策者作出决定简单地认为 NPOESS 有太多麻烦而且必须终止。SpaceX 正在为将来一定时期后的 EELV 提供一种备选的可能,其目标是验证要求的发射可靠性能否真正达到。

因此,重要的成本管理工具的目标之一就是确保 RBS 不会变成一个风险足够低但是为确保低风险而造成的成本非常高的系统和单元。为实现这一目标,很有必要在 RBS 研制过程中同时保持制造美国空军目前的发射系统或者成熟的备选飞行器。

5.3 政府部门的观点/监管

RBS 将是一个美国空军管理的项目,需要联合研发合同商、硬件制造商和操作运营商。基于近期一些美国空军主管的项目的经验,评估委员会给出了以下观点。

5.3.1 独立的技术审查

每一个成功的项目阶段都引进了独立的项目评估(IPA),通过开展独立的技术评估为继续开展或者停止项目的处理过程提供了输入信息和参考。理想情况下,IPA 将对全部的数据、政府及合同商的人员有全面的无限制的调查权限,而且只对项目的里程碑决策机构负责。经验表明,项目管理者只是能认识到项目是否进入了足够多的麻烦局面,在这种局面下项目应被终止或者进行足够充分的调整。现在已经改为项目管理者期望一种新的成本方案和规划,以确保推进的项目过程干净,没有麻烦。目前已经意识到,在项目后期的大型独立评估或者临发射前的评估并不会增加成本,也不会提前(提前量大到足以作出决定的时间)暴露出没有发现的问题。

除了 IPA 外,在每一个主要项目阶段开始的时候,经过实践验证的最好的实践流程是政府部门选取胜任的技术代表深入到合同商的研发和任务支持过程,这些官方代表参加 ERB 和其他技术会议,并实时获得他们对技术问题的观点和感受,这就保证了项目能够果断地作出反应并向前推进而不会产生任何后续研制流程的中断或破坏。NASA 在飞马座项目中有效地运用了这种方法,后来又与 Atlas 火箭在一个商业项目中再次应用。在 EELV 项目中,协作的航空宇航公司工程师已经充分有效地代表了美国空军的观点。

5.3.2 对合同商报告及审查的要求

尽管有深入到各环节的政府技术代表,美国空军管理部门需要监控整个项目进程并需要进行周期性审查评估,在研发阶段和初步的 RBS – Y 操作阶段,这些正式的项目审查典型地是每季度进行一次。审查中通常采用的标准的形式是介绍项目进度安排、风险降低、成本状态,以及对主要已完成工作和所存在问题的识别。深入项目各环节的政府部门的技术顾问也要参加这些审查,并且向美国空军和合同商阐述他们对项目进展和存在问题的观点。

在正在进行的稳定的发射操作期间,正式的或其他形式的审查明显减少。为了满足 RBS 快速地面处理的目标,需要进行文化理念的改变,这需要对目前一次性运载器发射操作流程及航区安全评估准则进行必要的改进,很多发射状态都要进行大幅度调整或重新设计。

5.3.3　调整授权的方法

下文给出了针对需求改变和持续改进的不同处理过程。

5.3.3.1　需求改变

针对美国空军强制要求的或者合同商提出的对任务需求的调整,需要采用正规的 ECP 方法。正式的 ECP 将阻止需求得到满足的进程发展缓慢以及供应商倾向于将全部可用资金花费到需要增加成本的研发项目等情况的发生。ECP 所需的经费是因政府部门所提任务需求调整带来的经费,或者是能够有助于合同商完成最基本任务但是能够对政府提供一定成本节约的调整所带来的经费。

5.3.3.2　持续改进带来的调整

大多数政府项目中对全部的调整都采用 ECP 方法,这对持续改进(CI)调整是无效的。为了识别实现调整的技术需求和成本,ECP 必须识别进行调整所期望的收益(可靠性、性能提升、操作性提升)和期望的成本节约情况。正如 5.2.2 节讨论的情况,CI 成本节约通常会带来与"隐形工厂"相关的质量问题,这是不可能进行量化描述的。ECP 从政府寻求附加的预算以资助与调整相关的研发和试验成本。官僚政治的操作流程会无原则地花费大量的时间并且通常会导致 ECP 申请被拒绝。

对设施 CI 而言,推荐的方法是在合同商的研发和循环预算中提供进行调整的相关预算,而不是诉诸于 ECP 流程。深入项目各环节的政府部门的技术顾问也要参加评估和授权改进的 ERB,如果有必要,还要向美国空军和合同商管理部门阐述他们的反对性观点。

5.3.4　生产监控的方法

当前强调的重点是成本,目前由联合发射联盟 Decatur 制造厂的国防合同管理服务提供的 EELV 制造过程监控有可能成为一种对抗性(对立性)显著增强的监控模式。这种情况增加了合同商的成本,减慢了生产,员工失去动力,这对于获得最高质量的运载器硬件设备来说是没有好处的。政府鼓励采用深入到生产环节的监控模式,政府与合同商协作识别和定位处理存在的问题,避免诉诸于敏感的对抗性局面、繁琐的官僚主义报告及解决方法。

5.3.5　操作的方法

针对将会导致很多设计和领域讨论的操作,美国空军需要在项目研发计划中提前阐述清楚的非常基础性的问题包括:将来的操作运营系统是由军方人员操作合同商提供支持,还是由合同商运营而由军方监控? 由于在洲际弹道导弹项目的最早期,这些系统是由军方操作的,一些早期的航天发射系统也是军方操作的,比如 Thor(雷神)。但是,40 多年来,政府官方的发射系统已经在 NASA 或者美国空军的监控下由合同商操作,比如航天飞机,Atlas Ⅰ、Ⅱ、Ⅲ、Ⅴ,Delta Ⅰ、Ⅱ、Ⅳ,Titan Ⅲ、Ⅳ,飞马座(Pegasus),米诺陶(Minotaur)。由于 RBS 的能力需求导致了需要大幅提升可操作性,如果美国空军不考虑通过这一项目的研制计划转变成"蓝领"(Blue Suit)操作实现快速响应并满足发射能力的复杂性,将会让人感觉非常奇怪。下面的讨论基于美国空军将在一定层面/水平上完成/执行 RBS 操作。

5.3.5.1　美国空军的操作

美国空军是一个军用和民用的混合体,可以执行发射前处理 RBS、安装有效载荷、执行发射、回收系统的可重复使用部分,以及将 RBS 存贮到可以进行下次发射准备工作的环境等所需要的全部操作。

5.3.5.2　合同商的角色

合同商将具备仓库级(Depot - Level)修理能力,来完成那些超过军方人员效费比水平的维护任务,这些军方人员平均都有 3~4 年的战备值班任务。这些维修包括完成主要的飞行状态重新装备或者根据需要对地面系统进行更换。合同商将需要保证配备有在现场的技术人员来解决意外情况和其他发射前或者回收后处理等情况。

5.3.5.3　操作的概念

RBS 中可重复使用部分采用的方法将会严重影响系统成本以及基本的工业基地的可用性。在流程的一端,所有在系统全寿命周期内均可用的返回式助推器可能是模块化采购的,由于量大会有可观的成本节约。但是,几乎可以肯定的是,如果后续在很多年后才需要再生产,这需要一个完整的重新生产这些产品的能力,可能会是重新生产的成本。一个更连续的交付方法,即一年交付一个飞行器或许会使单元成本非常高,但是可以为根据发射频率和其他需求指令进行持续的改进和连续生产提供一个更好的机会。

NASA 在 30 年内发射了 135 次航天飞机,平均每年 4.5 次,使用了 3 或 4 个轨道器。由于实现了修改和更新,处于待命状态的飞行器平均数目可能会少于3 个。航天飞机轨道器平均每年的飞行次数超过 1 次,当飞行器操作上准备完成时,实际的使用次数可能会达到每年 2 次。

RBS 将会比航天飞机轨道器更可重复使用,可能达到 10 次以上。根据每年约 10 次的发射预期,飞行器编队将需要四组重复使用飞行器,每个飞行器都可以从任何一个发射基地发射,并可满足期望的性能需求,根据需要可在一个飞行器坠毁或者性能有波动后连续发射。开放的生产线可以替换任何损失/失效部件(可能进行仓库级维护)将可做到在提供强鲁棒性操作能力的同时维持工业基地的运营。

评估委员会认为基本的 RBS 飞行器编队确定有 8 个飞行器(每个海岸基地有 4 个)太多了。基于前文描述的日常维护,基本的飞行器数目为 4 个就足够了,1 个位于 VAFB,3 个在 CCAFS,当整个项目推进到产品生产阶段时,这个方案可以重新论证和分析。这种保留的产品生产能力和削减的飞行器编队数目是有助于降低初始阶段投入成本并保持项目的强壮性和适应性的诸多方法之一。

5.3.5.4 载荷运输能力

通过研制单个运载器实现满足全型谱载荷发射需求是一个不可实现的目标。运载火箭家族进行了多种飞行器补充,以满足更大范围的发射需求。但是用经过优化调整后可以满足中型载荷发射任务的运载器来发射小型载荷通常会显得规模非常庞大,当为满足重型载荷发射需求时,又需要对其进行实质性的改进和调整。比如,Delta IV 重型火箭可提供小型但是非常重要、环境条件要求非常舒适的载荷,而 Atlas V 重型火箭就需要对其火箭家族的型谱进行补充调整才能用于发射同样需求的这种载荷。

尽管美国空军要求 RBS 能够满足全型谱载荷发射的需求,但是评估委员会认为这一发射任务和负担将不适用于 RBS。需要特别指出的是,评估委员会认为 RBS 最好的情况将会是能够满足目前中型 EELV 的发射需求,而不是瞄准满足重型载荷的发射需求。评估委员会建议在整个研制项目启动前进行与 RBS 需求相关的项目研制阶段划分计划方案制定时,去掉 RBS 满足重型运载能力发射的需求。

5.3.5.5 商业应用

像 RBS 这样有效的运载系统对那些希望将商业载荷送往空间的发射商来说非常有吸引力。Delta II、Atlas II、Titan III 和 EELV 系统通过与美国空军合作实现了不同程度的成功发射。大多数情况下,政府发射任务是在政府监控下由合同商团队完成的,而商业发射活动是由发射任务提供商团队执行并由提供发射任务的合同商监控。对于 RBS,不考虑谁最后完成实际的操作,因为这个飞行器将是政府所有,RBS 的潜在商业应用将会在美国空军确定其操作概念时进行明确阐述。

5.4 采购策略

从提供给评估委员会的材料看来,RBS 项目的每一个阶段假定均采用一个合同商:包括飞回式验证(Pathfinder)、发动机研制、RBS 验证机(RBD)、RBS – Y

样机、最终产品。评估委员会强调这一点的目的是为了说明：承担发动机研制的合同商应该负责连续参与到验证和产品生产，RBD 合同商也应该生产 RBS‑Y 样机和最终的产品飞行器。如果一切进展顺利的话，这可能是前期成本最低的方式，从通过竞争降低成本和采用备选方案降低风险方面可获得显著的收益。如果 RBS 系统成功研制出来，它将是几十年内数目庞大的国家安全相关载荷的主要发射系统。最乐观的代替或者补充 RBS 的想法是发射频率是否足够高以至于值得投资建立第二个 RBS。随着 RBS 的性能提升，可能会形成一种采用先进技术优势的新的航天发射系统，或者是如果 RBS 变得过于昂贵就会采用一种备选方案实现成本降低。

但是，"如果一切进展顺利的话"并不是一个无关紧要的假设条件。航空项目研制的经验表明，当需要进行基础性/主要的调整时（比如从四代侦察机到第五代侦察机），包括飞行测试在内采用两个方案的策略已经带来了显著的收益。对于航空飞机而言，有一个这样的假设，最终的产品数量导致这种持续的效费比竞争长期存在。无论是否经过证实确实如此，很少有人怀疑采用两个方案时最终得到的结果总会比基于纸面的设计和一些硬件设备只选用一个合同商得到的结果好一些。如果 RBS 的飞回式助推器在项目前期的风险最高，整个项目需要考虑采用两个或者更多设计方案并在经过验证后在其中选取质量最好的方案，基于这一方案设计验证机。假设选取最少的两个，政府就会拥有两个不同方案的 Pathfinder 的全部结果数据，如果为了同样的目的采用同样的研发和飞行策略，采用两种方案的益处就会非常明显。

除了更好的技术发展局面外，无论何种原因如果单个 Pathfinder 在飞行测试的前期坠毁了，就可能导致项目终止。不能验证火箭动力返回转弯和 RTLS 机动的单个 Pathfinder 几乎可以肯定将会导致整个 RBS 项目终止。尽管有一种方法已经很成功了，但是在本次审查的材料中没有讨论，因为以前的研究表明纸面上这种方法的性能并不比现在论证的方案更好。

目前项目采用一个合同商的方法可能看起来成本更低一些，特别是在研发阶段，因此对前期投资来说有更好的卖点，但是，更多情况下，有更多的技术和计划性风险。对 RBS 项目而言，只要能够获得和保持合同商、促进革新的"A‑Team"，就有必要保持竞争，因为每个合同商都追求实现更好的产品，当可重复使用系统最终主导市场时，这种竞争可以维持更大的工业基础，并实现更低的寿命周期成本。

第6章
评估发现与建议

基于前面各章节分析的全部材料,针对 RBS 的概念,评估委员会得到了以下 6 条主要发现:

发现 1:成本估计的不确定性可能会严重影响 RBS 全寿命周期的成本估计结果。

有几个重要因素导致目前采用的 RBS 成本估计具有明显的不确定性。首先,飞行器研发成本估计是采用 NASA/美国空军成本模型(NAFCOM),这是一个工业界的标准模型,也采用了合理的模型输入,但是这个模型中没有考虑可操作性对飞行器设计的影响。由于 NAFCOM 很大程度上基于历史数据,目前缺少可重复使用系统相关的经验数据,当采用与确保可操作性所必须的飞行器相关特性时,模型存在很大程度的不确定性。其次,成本预测是基于美国版的俄制碳氢燃料发动机技术,但是研发一个工程可操作的可重复使用发动机的成本风险很难计算。基于美国工业界在研发富氧型分级燃烧(ORSC)碳氢发动机方面的有限经验,与发动机研发相关的成本不确定性是非常严重的。再次,基础设施需求方面的底层细节还不明确,因此与基础设施相关的成本估计也存在一定的不确定性。最后,目前估计出的操作成本是基于“适度的飞行后检查需求”这一前提得出的,这是基于已经研发了一套有效的飞行器综合监控管理系统这一假设,并且任务担保引起的附加成本非常低。

发现 2:RBS 的商业运营方案是不完整的,因为没有对新型的商业发射提供商、单独采用一种运载器进行发射任务的影响及技术风险进行充分考虑,美国空军需要独立的发射能力以满足其非常有把握地进入太空的需求。上述因素导致的成本不确定性使得 RBS 进行商业运营的方案目前难以闭环。

除了与 RBS 相关的基本成本不确定性,有三大因素使得 RBS 的商业运营方案不完整并且目前还不能闭环。首先,RBS 的商业运营方案没有考虑新加入航天发射领域的具有竞争性的商业发射提供商,导致目前的运营方案成本估计是基于 RBS 概念与最新的 EELV 成本外推结果的对比得到的。考虑到大量的追求新型进入太空发射运输方式的商业实体的出现,未来航天运输可能与现在采用的方式有很大不同。随着全球范围内均在围绕降低发射成本开展激烈竞争,可以预见最近采用的 EELV 成本很有可能并不是成本比较的合理基线。

其次,RBS 运营方案没有充分考虑单独采用单一的运载器发射任务供应商的影响及技术风险。目前的运营方案假设 RBS 获得了承担美国空军全部发射任务的资格,并单独由一家供应商来研制 RBS,这种采用单一运载能力提供方的成本风险并没有充分考虑。另外,目前的运营方案中没有考虑在飞行器研发阶段保留竞争关系可带来的成本收益。因为商业发射市场目前正在快速变化,未来将主要随成本因素的驱动发展,不考虑竞争关系在其中的角色和影响是当前 RBS 运营方案的一项弱点。

最后,RBS 运营方案假设获得了美国空军全部发射任务的资质,但是美国空军目前保留了自身具有一定的独立发射能力,以确保其非常有把握地进入太空的需求。在这种需求下,需要研发并保持第二种航天发射系统的能力,RBS 运营方案在其获得美国空军全部发射任务订单方面的估计过于乐观。

这些因素的最终结果就是与 RBS 商业运营方案相关的不确定性非常高,导致目前这一商业运营模式的方案不可能闭环。

发现 3:可重复使用依然是以降低成本实现全新的全型谱运载能力及更大运载能力适应性的重要途径。

为了在显著降低发射成本的基础上形成全型谱的运载能力,美国空军空天司令部已经确定了一个长期的科技发展目标,可重复使用性仍然是实现这一目标的可行途径之一。除了降低成本外,具有较强鲁棒性(任务适应性)的可重复使用系统可能还会有附加的效益,包括按需补充卫星、布置分布式星座、快速部署、可以在多用途防御发射基地发射的强适应操作响应、空军人员工程操作的可操作性等。

发现 4:RBS 对美国空军产生的最大影响是对发射任务的操作响应比目前一次性运载系统更为快速及时,但是目前还没有发现能够驱动该技术发展的明显需求。

目前的 RBS 运营方案是基于满足当前 EELV 运载发射资质下开展按需发射的假设前提下展开的。在这一假设下,由于缺乏对 RBS 的操作应用需求,那些满足提高可操作性、降低操作成本所必须的技术所处的优先级将会有所降低。可重复使用系统的真正价值在于设计特性、技术的发展,以及由此引起的美国空军操作模式的改变。

发现 5:在开展大规模研发之前需要进行持续应用研究和先进技术研发的技术领域已经明确。包括可重复使用富氧型分级燃烧碳氢燃料发动机技术、火箭动力 RTLS 操作、飞行器健康管理系统、自适应制导控制能力。

发现 6：明确了进行 RBS 商业运营的不确定性和需要进一步降低的技术风险，美国空军空天司令部在 RBS 能力研制方面进行大规模投资还为时尚早。

评估委员会认为目前 RBS 开展商业运营的方案还不闭环，进行 RBS 大规模研发的条件还不成熟。同时，委员会充分认可对未来运载系统所需技术开展持续研究和先进技术开发。委员会做出了如下 6 项建议。

建议 1：发射的快速响应能力将是任何一种可重复使用运载系统的一个重要特征。为了处理/应对这种目前已经意识到的技术断层，空军应该在目前一次性运载器"遂行发射"需求之外建立特殊的快速响应应用目标，以推动技术发展。

评估委员会认为，快速响应特性应该是研发可重复使用运载系统及其配套支持技术时应当考虑的主要因素。目前，除了"遂行发射"的任务模式需求外没有其他工程型的快速响应需求。由于这些需求会牵引飞行器和技术发展的新方向，空军非常有必要定义标准的快速响应的任务目标，以便为技术研发活动提供聚焦的攻关目标。

建议 2：与 RBS 研发进程上的任何官方决定无关，空军需要在以下主要领域开展技术研发工作：可重复使用富氧/分级燃烧碳氢燃料发动机技术、火箭动力返回原场（RTLS）操作、飞行器健康管理系统、自适应制导控制能力。这些技术必须成熟才能够支撑未来在 RBS 发展方面做出合理的决定，而且其中大部分技术也可以用于相关的运载系统概念中。

需要在这四个技术区域开展持续的研发，从而当 RBS 项目的大量投资通过审查并开始执行时，项目这四方面所需要的技术可以达到一定的技术成熟度。针对这四个领域的技术研究投入应当持续并且与 RBS 项目研究计划的决策相独立。因为除了火箭动力 RTLS 的技术之外，其他技术的应用范围远超出了 RBS 项目本身，这些技术的成熟对美国空军除 RBS 计划外的先进火箭推进系统、系统可靠性、飞行器自主化等方面都有很有益的支撑。

建议 3：AFRL 目前开展的 Pathfinder 项目正在用一个小规模的缩比飞行器验证 RTLS 机动飞行过程的主要技术方面。为了增大 Pathfinder 的成功概率，AFRL 应该研发和飞行多个 Pathfinder 试验飞行器。另外，在确定出下一代航天发射的最优系统之前，RBS 多种概念间的竞争和对比将会持续。

RBS 进行 RTLS 任务时的火箭动力返回机动还没有验证过，因此通过这一方式实现可重复使用很明显会带来风险。基于这一风险以及由此带来的新任务模式的参数分布空间，Pathfinder 计划应该采用一种发展模式，该模式下陆续设计并飞行验证多个飞行器。尽管这种方法在近期会增加成本，但如果将来某一天高性能的解决方案真正能够实现可重复使用时,其带来的长期收益将会远远超出初期的投入成本。

建议4:在Pathfinder试验飞行活动成功完成,并且与重复使用富氧型分级燃烧碳氢燃料发动机技术、火箭动力RTLS操作、飞行器健康管理系统、自适应制导控制系统相关的关键技术风险得到充分降低之后,才能为RBS的下一步发展方向做出决策。

由于目前对主要技术的研究线条较粗并不够成熟,RTLS模式下火箭动力机动中也存在一定的风险,是否下决定继续推进RBS计划的发展取决于Pathfinder项目的成功完成和主要技术风险的适度降低。评估委员会认为这种模式将会推迟RBS性能的实现。但是,推迟做出继续推进RBS计划的决定将会带来附带的好处——为新加入的商业运载发射服务供应商提供了更清晰、明确的商业运营环境。

建议5:在Pathfinder试验飞行活动成功完成后,AFRL应当重新评估RBS商业运营的可能性,同时考虑以下因素:新的具有竞争实力的商业发射提供商、采用单一发射运载器来源的潜在影响,空军需要独立掌控能够满足其十分有把握地进入空间的需求。

Pathfinder计划和相关主要技术研发成功完成后,美国空军应该重新评估RBS的商业运营模式是否能够闭环。这一商业运营模式的分析应该包括新型的商业发射服务供应商、单源供应商的影响,以及美国空军对独立运载能力的需求。

建议6:在开展RBS项目工程研制时,从技术研发到验证、样机、飞行产品各个阶段,只有上一阶段工作成功完成并进行充分评估之后才能做出是否开展下一阶段工作的决定。是否开展下一步工作的决策节点将是后续阶段是否可以正常开展的分支点,这些节点上对能够支撑下一阶段工作的相关技术应有足够充分的理解和认知。是否推动从Pathfinder和碳氢燃料发动机技术风险降低到中等规模验证机、从验证机到RBS-Y样机的决策节点应该被视为是研制流程决策路线图的第一步。

由于研发新的空间运输能力需要相关的成本,而且其运营方式也存在一定的技术不确定性,构建任何未来可用的RBS计划都是很谨慎的选择,因此是否决定推进开展下一阶段的研究很大程度上依赖于前一阶段相关研究工作的成功完成。

今天,美国正处在一个十分重要的空间运输模式转型过程当中,从一直由政府研发和控制运载器的模式转换到基于服务的新型航天发射模式,在这种新模式下,工业部门研发运载器之后向政府组织和商业市场出售发射服务。除了这种转换,评估委员会也注意到了大量的组织正在采用新的设计、发展模式和操作方法来研发新的航天运输能力。在这一转型过程中对 RBS 概念进行全面分析和评估本身就是非常困难的任务,但是评估委员会坚信,如果本项目所推荐研究的技术与新的设计及运行方式结合起来可实现足够的效费比,并得到具有强适应性的发射系统,美国的空间运输能力将会非常强大。

附录 A
评估任务陈述

这项研究将审查和评估 SMC/AFRL 为美国空军 RBS 项目提出的相关概念和方案。开展本项工作过程中，评估委员会将评估并审查以下方面：

（1）目前 RBS 项目研制计划描述中所采用的标准和假设。

（2）目前 RBS 成本估算模型中采用的方法。

（3）商用 RBS 构型能力分析采用的建模方法，包括：

——分析中采用的数据；

——如果替换新数据后模型的鲁棒性；

——目前不可用但是美国空军将来可以提供的非涉密官方数据的影响；

——对 RBS 应用非常重要的主要部分的技术成熟度；

——当前技术研发计划满足项目技术发展节点的能力。

附录 B
评估委员会的成员和工作人员简介

评估委员会成员简介

DAVID M. VAN WIE，评估委员会主席，约翰霍普金斯大学应用物理实验室（JHU/APL）精确计算领域的首席科学家，主要负责流体力学、结构力学、探测系统信息融合、信号和信息处理、导航制导和控制、仪器控制和分析、射频技术等方面的相关研究工作。VAN WIE 博士长期在约翰霍普金斯大学机械工程系任教，并在马里兰大学航空航天工程部主讲空间推进、空气动力学和气动热力学等相关课程。他是美国空军技术咨询部成员，主管高超系统、小型精打武器、虚拟训练、新型运载器和未来（2025 年后）作战需求研究。他是空军研究实验室 2010 年科学技术评委会副主席、2011 年科学技术评委会主席。VAN WIE 博士是美国联合陆军、海军、NASA、空军内埋推进委员会的吸气式推进子委会技术首席，并被选举为 2010 年 AIAA 委员。他就读于马里兰大学，并获得宇航工程学士、硕士和博士学位，在约翰霍普金斯大学获得电气工程硕士学位。VAN WIE 博士在多个国家研究委员会任职，包括常规精确全球打击能力委员会、民用航空测绘委员会和空军未来生存需求委员会。

EDWARD H. BOCK，2000 年从洛克希德·马丁公司退休，曾任 Atlas 拯救计划副主席兼主任。在其任职 5 年期间负责了 42 次发射任务，包括 40 发 Altas/半人马座发射和 2 次 Atlas E 型运载器发射，并全部获得成功。作为 Atlas 计划副主席，他倡导持续的改进，引进多项新技术并应用于 Atlas Ⅱ，增加了其射程并最终定型为 Atlas Ⅲ 和 Atlas Ⅴ。他在任期内大力推进自动化操作，改变传统发射工位的串行工作流程，缩短卡纳维拉尔角发射区工作时间 50%。1991 年 7 月到 1999 年末，BOCK 先生组织完成了范登堡空军基地 SLC－3E 发射工位对 Atlas IIAS 型的适应性改造工程。他指导了项目的论证、设计和初期建设。此前，他是通用动力学（GD）和先进发射系统（ALS）研究计划的主任助理，负责调压器恢复和可重复使用技术的评估。在他从业的前 40 年，他是 GD 系统工程的主任，从事先进空间概念的预研、半人马座低温元器件的设计和测试以及 Atlas 火箭地面支持系统的设计。1965年,BOCK先生于加利福尼亚获得注册职业工程师、机械师资格。退休后,他被授予华盛顿大学航空航天学院2005届卓越校友。他于华盛顿大学获得学士学位,于圣地亚哥州立学院获得硕士学位。

YVONNE C. BRILL是空间推进系统和卫星技术专业顾问。她的职业生涯经历丰富,从事过弹道计算、火箭燃料性能分析、推进系统工程管理并通过了飞船推进系统资格认证,最终成为一名火箭发动机专家。她的职业生涯起始于道格拉斯空间飞行器公司,后加入美国无线电公司负责运载火箭和飞船推进系统设计工作。她曾就职于NASA总部,任航天飞机固体火箭发动机产品经理,其负责的产品性能优越。1986—1991年间,她就职于国际海事卫星组织伦敦总部。BRILL女士获得了多项荣誉,获得2010年国家技术和创新奖,任国家学术工程委员会成员,是AIAA荣誉委员。她在加拿大马尼托巴湖大学获得数学学士学位,在南加州大学获得化学硕士学位。从国际海事卫星组织卸任后,她就职于多个国家咨询中心委员会,包括空军和国防部推进技术委员会、NASA环境科学问题委员会。目前她就职于全美咨询中心空间科学部。

ALLAN V. BURMAN是杰佛逊咨询集团公司主席。在他的带领下,杰佛逊集团为许多政府部门提供分析、评估、流程管理和估价服务。加入杰佛逊集团前,BURMAN博士在国防部秘书处、白宫管理和预算办公室从事政策研究工作,BURMAN博士是国家公共管理委员会(NAPA)委员,是国防部工业联合会咨询委员会委员、公共服务机构合伙人。他是乔治梅森大学国际法学院助理教授并为白宫提供法律咨询服务。为表彰其对联邦信息技术领域发展的贡献,2009年授予其Federal 100奖的殊荣。BURMAN博士在乔治华盛顿大学获得博士学位,在哈佛大学获硕士学位,他是波尔多大学政治研究院富布莱特基金获得者,并获得卫斯理安大学综合性论文奖。他曾就职于全美咨询中心及NRC和NAPA的多个部门,如NASA地球科学与观测任务成本增长评估委员会、地球和空间科学委员会、美国空军防御委员会、美国能源工程评价委员会等。

DAVID C. BYERS是美国政府和工业部门空间推进和能源领域的顾问,他在国家和NASA重大研发计划中提供了重要支撑,帮助NASA和政府部门完成了空间推进系统的性能评价工作。BYERS具有超过40年的NASA和TRW工作经验,参与或主导了多项空间推进系统计划,成功发展了先进动力的新概念。他是AIAA委员,获得了AIAA推进系统贡献奖和NASA的杰出领导人奖章。他在宾夕法尼亚大学获物理学学士学位。他支持了包括NASA新概念和空军先进动力研究(AFSOR,2003—2005)等多项研究计划。

LEONARD H. CAVENY是航空航天领域顾问和弹道导弹防御组织的创始人。他曾在主动防御战略组织中担任创新科技部主任助理,国防部先进技术局办公室专家,空军科研部推进和能源领域项目经理。1969—1980年间他在普林斯顿空间和机械学院做高级研究员指导多名学生。CAVENY 博士擅长固体火箭发动机、气动热化学飞行试验、电推进、空间太阳能、故障诊断和特殊材料研究。他是 AIAA 委员。他在乔治亚洲技术学院获得学士和硕士学位,在阿拉巴马州立大学获得机械工程博士学位。他供职于 NRC 等多家机构,包括空间生物学委员会、NASA 先锋革新计划委员会、空军推进技术办公室等。

ROBERT S. DICKMAN 是美国航空航天学院执行主任。他 1966 年加入空军,在 34 年的军旅生涯中,他从空间领域的基础科学做起,直到成为空间之翼计划负责人、卡纳维拉尔角基地东区主任。DICKMAN 将军是美国空军空间计划和国防部空间系统部主任,是国家监测办公室高级军官。他于 2000 年带大将衔退休。2002—2005 年间,他被任命为美国空军空间军事大臣。他是美国交通运输部商业航天运输委员会成员,AIAA 委员。DICKMAN 将军获物理学学士学位、空间物理硕士学位、管理学硕士学位,是美国空军指挥学院和海军军事学院的卓越毕业生。

MARK K. JACOBS 是一名高级系统工程师,有着超过 25 年执行 NASA 科学任务的从业经验。JACOBS 先生参与了多项 NASA 的空间计划,如火星探测、新边疆、地球冒险计划等。他也从事过核系统研究并支撑 NASA 总部的成本分析工作以及如登陆火星等多项计划。他参与了多项精密仪器、飞船、火箭等多方面的先进技术研究。JACOBS 先生出版发行了多部成本分析书籍并于 1994—2000 年间获得了 AIAA 空间系统委员会颁发的卓越成就奖。他在威斯康星州大学获得冶金工程学学士学位。

THOMAS J. LEE 是 LLC 公司创始人和主席。公司的主要业务是支撑 NASA 的空间系统发展计划,包括主动发射技术、新一代发射技术、航天飞机、星座计划、空间发射系统和商业发射操作系统。他是 NASA 进入空间委员会的特派员,为保持美国的空间技术优势做出了重要贡献。从 1980 年开始,他历任马歇尔空间中心主任助理、主任。LEE 先生 1958 年开始研究弹道导弹工程,1960 年作为半人马座管理办公室系统工程师进入马歇尔研究中心。1963—1965 年间,他是飞马探测卫星工程项目经理,1965—1969 年间,他是肯尼迪空间中心土星计划办公室主任。1969—1973 年间,他是马歇尔中心技术主任助理。他曾任宇宙空间实验室突击任务团队经理助理和经理。他在阿拉巴马州立大学获得航空工程学士学位。

C. KUMAR N. PATEL 是普纳莉迪亚公司创始人、董事长兼 CEO,公司是量子激光防御技术的领导者。他是加州大学物理和天文学、电气工程和化学教授。他在 1993—1999 年间任加州大学副校长。1993 年前,他是贝尔实验室材料科学工程中心执行主任。1961 年他加入贝尔实验室从事气态激光器研制。他是二氧化碳和多分子气态激光器的发明者。1996 年,PATEL 博士被美国总统授予奖章。获得的其他奖项包括富兰克林学院的鲍尔奖章、电气和电子委员会雷蒙奖章、德州仪器创始人奖等。PATEL 博士在印度普纳大学获得电信工程学士学位，在哈佛获得电气工程硕士和博士学位。1988 年，他获得新泽西技术学院荣誉教授称号。他曾供职于 NRC 中心的多个机构，包括原子能委员会、光学委员会和国防部科技工程委员会等多个部门。

DIANE ROUSSEL – DUPRE 是美国洛斯阿拉莫斯国家实验室（LANL）智能和空间科学部的五级科学家。她曾参与多项空间试验，包括 1991 年的空间成像试验（URA），参加了 1993 年发射的空间小卫星低能 X 光成像试验等，先后担任空间试验的运行管理人，并担任 1997 年发射的快速在轨记录瞬时事件卫星的项目主管。近期其主要负责 Cibola 飞行试验卫星空间试验项目，并作为该试验的负责人。除了空间仪器和卫星试验，ROUSSEL – DUPRE 博士还从事空间态势感知的相关研究工作。她曾任 NASA 太阳系研究试验团队成员，新墨西哥州空间委员会成员。ROUSSEL – DUPRE 博士曾是 GPS 评价团队成员，并获得 6 次卓越团队奖励。她获得了美国政府颁发的卓越奖。她在密歇根州大学获物理和天文学学士学位，在科罗拉多州立大学获博士学位。

ROBERT L. SACKHEIM 近期退休，退休前任 NASA 马歇尔航天飞行中心（MSFC）空间推进主任助理和总工程师。他现任多个发动机、运载火箭和空间系统工程项目的顾问。在 NASA 任职期间，他担任推进技术部执行主任。1989 年加入 NASA 前，他在汤普森集团供职长达 35 年，从事过多项技术工作。他离开汤普森时是集团的推进和燃烧中心经理。1983 年，他主持了 NASA 的跟踪和数据中继卫星的推进系统研制工作。SACKHEIM 先生获得了多项荣誉和奖励，包括 NASA 马歇尔航天飞行中心的主任特别奖励，总统特别奖励，AIAA 空间系统杰出领导奖等。他是 AIAA 委员，2001 年当选为工程院院士，同年被 NASA 授予空间推进系统杰出领导人奖章。SACKHEIM 先生在 NASA 的多个委员会任职，是阿拉巴马州立大学机械工程系副教授。他先后发表了超过 250 篇学术论文，授权 9 项空间推进和控制的专利。SACKHEIM 先生在维吉尼亚大学获得化学工程专业学士学位，在哥伦比亚大学获化学工程硕士学位，在加州大学洛杉矶分校完成了博士课程。SACKHEIM 先生在多个 NRC 下属的咨询中心任职，包括空军/国防部推进系统委员会、太空飞船能力提升委员会和先进空间技术委员会。

POLP. DSPANOS 是莱斯大学荣誉教授，他主要开展动态系统可靠性、非线性、信号处理方面的研究及其在航空航天工程的应用研究。他累计发表学术期刊、会议和报告共 300 余篇。SPANOS 先生是国际期刊《非线性机械系统和机械工程可靠性》的主编，他是美国机械工程师协会成员，美国机械学会成员，国家工程研究院成员，希腊国家学术委员会成员及多个学术组织成员。他是德州注册高级工程师,研究工作得到了国家科学基金、能源部等多个机构的支持。他获得了多项国家科学基金、国际联合基金等多个奖项。SPANOS 博士在加州技术学院获得结构动力学硕士和博士学位。

MITCHELL L. R. WALKER 是乔治亚理工大学航空航天工程系副教授,他负责设计和建设了高功率电推进实验室,研究了多种电推进关键器件。他主要从事等离子推进概念和等离子基础理论研究和试验工作。WALKER 博士是空军科学研究局青年基金获得者、AIAA 劳伦斯奖获得者、AIAA 助理委员。WALKER 博士供职于 NASA 先进空间推进办公室和国际电推进研究委员会。他在密歇根州立大学航空航天工程专业获得学士、硕士和博士学位。

BEN T. ZINN 是乔治亚理工大学航空航天工程系客座教授,ZINN 博士主持完成了美国历史上最大的一次燃烧充分性研究。多年来,他为液体和固体火箭、喷气发动机、涡轮发动机等方面的研究做出了重要贡献。他将 Galerkin 方法应用于燃烧充分性分析,预测了推进系统的稳定性,测量了火箭喷口声波损耗,用于预测火箭发动机工作稳定性等多项重要成果。为了纪念他的突出贡献,2006年起乔治亚州理工大学燃烧试验室以 ZINN 博士名字命名。ZINN 博士是 NAE 会员,并荣获了 AIAA 燃烧/推进方面的全部主要奖项。他在纽约大学机械工程专业获得学士学位,在斯坦福大学获得机械工程硕士学位,在普林斯顿大学获得航空工程和机械科学博士学位。ZINN 博士任职于空军和国防部多个咨询中心,做出了重要贡献。

工作人员简介

JOHN F. WENDT,讲师,2002 年作为兼职高级程序员加入航空与空间工程局(ASEB),他供职于空军科学研究局的咨询部门,参加了 NASA 主导的探测技术发展计划、NASA 技术创新等多项计划。加入航空与空间工程局之前,WENDT 博士曾在冯卡门流体动力学中心(VKI)、布鲁塞尔 NATO 下属的研究中心工作,是多个项目的负责人,他的研究领域涉及气动力学、大攻角气动力学和高超声速再入。WENDT 博士为美国空军、北约、欧空局等多个机构提供技术咨询。他是 AIAA 委员。WENDT 博士在威斯康星州大学获得化学工程学士和硕士,获得西北大学机械工程博士。

CATHERINE A. GRUBER 是空间研究协会(SSB)和航空与空间工程局(ASEB)的编辑,她 1995 年作为高级计划助理加入 SSB。GRUBER 女士于 1988年首次进入 NRC 工作,作为高级秘书负责计算机科学和电信协会相关工作。她曾担任国家健康实验室助理研究员两年时间。她在马里兰大学玛丽学院获自然科学学士学位。

AMANDA R. THIBAULT，副研究员，2011 年加入航空与空间工程局（ASEB）。THIBAULT 女士 2008 年获得大气科学学士学位，然后进入德州工学院作为讲师和副研究员进行雷暴和闪电科学研究。她 2009—2010 年间参与了"旋风 2 号"计划研究，并于 2010 年获得大气科学硕士学位。她是美国气象协会成员。

TERRI BAKER 于 2009 年作为高级策划助理加入空间研究协会（SSB），之前在国家教育中心工作。她从事了多项管理、行政方面的工作，提高了组织运行效率。BAKER 女士正在攻读工商管理学士学位。

RODNEY HOWARD 于 2002 年作为高级策划助理加入空间研究协会（SSB）。此前，他主要从事健康行业工作，是马里兰州拉纳姆医院的药理师。同时，他参与了多项管理与团队建设课题研究。于 1983 年在巴尔的摩城市大学获得通信学士学位。

MICHAEL H. MOLONEY 是航空与空间工程局（ASEB）的主任。他于 2001 年加入 NRC，MOLONEY 博士曾在国家材料顾问中心、BPA、制造和工程设计部、国际研究政府和经济中心、国际权威发行量认证机构等部门工作和学习。2010 年加入 NRC 之前，他是天文和天文物理领域的 BPA 认证主管。此外，MOLONEY 博士有超过 7 年的国外服务机构工作经历，曾任爱尔兰驻华盛顿特区大使、爱尔兰驻联合国代表。他于都柏林三一学院完成大学学习并进行博士学习，获得过物理学内文奖（Nevin Medal）。

附录 C
向评估委员会提供支撑材料的单位

以下单位向评估委员会提交了现场答辩及汇报材料：
- 美国空军

空军航天司令部

空军研究实验室

空军太空与导弹系统中心
- NASA

NASA 肯尼迪航天中心

NASA 马歇尔航天飞行中心
- 联邦政府资助的研究和发展中心

航空宇航公司
- 商业航空公司

航空喷气公司

安德鲁斯太空公司

Astrox 公司

洛克希德·马丁公司

轨道科学公司

洛克达因公司

波音公司

附录 D
缩略语表

ACS	姿控系统
AFRL	空军研究实验室
AFSPC	空军空天司令部
AG&C	自适应制导控制
ALREST	先进液体火箭发动机稳定技术
ALSB	先进液体捆绑助推器
APU	辅助动力装置
CBC	通用助推器芯级
CBT	通用共底贮箱
CCAFS	卡纳维拉尔角空军发射基地
CFD	计算流体力学
CI	持续改进
DDT&E	设计,研发,测试与评估
ECP	工程项目调整方案
EELV	改进型一次性运载火箭
EMA	机电作动器
ERB	工程审查委员会
FAA	美国联邦航空管理办公室
FAST	未来快速响应进入空间技术
GAO	政府责任委员会
GEO	地球同步轨道
GG	气体发生器
GSE	地面保障设备
GTO	地球同步转移轨道
HCB	碳氢助推器

HEO	高地球轨道
IHPRPT	综合型高性能火箭推进技术
IOC	初步操作运营能力
IPA	独立的项目评估
IPD	综合动力验证
ISS	国际空间站
IVHM	集成飞行器健康管理
LCH4	液体甲烷
LCC	生命周期成本
LEO	低地球轨道
LES	大型一次性使用级
LH_2	液氢
LO_2	液氧
MCC	主燃烧室
MEO	中高度地球轨道
MLP	移动发射平台
MPS	主推进系统
MR	混合比
MSFC	NASA 马歇尔航天飞行中心
MST	活动式服务塔
NAFCOM	NASA／美国空军成本模型
NASA	美国国家航天局
NASP	国家空天飞机
NPOESS	国家极轨运行环境卫星系统
NRC	国家研究理事会
ORSC	富氧型分级燃烧
PWR	普惠洛克达因公司
R&D	研究与开发
RBD	可重复使用助推器验证机
RBS	可重复使用助推器系统
RECO	火箭发动机关机
RLC	复用成本
RLV	可重复使用运载器
RTLS	返回原场
SES	一次性使用上面级

SLS	空间发射系统
SMC	空军空间与导弹系统中心
SRB	固体火箭助推器
SSME	航天飞机主发动机
SSO	太阳同步轨道
SSTO	单级入轨
TPA	涡轮泵
TPS	热防护系统
TRL	技术成熟度
TSTO	两级入轨
TVC	推力矢量控制
VAFB	范德堡空军基地
VIF	垂直组装厂房
VTHL	垂直起飞,水平着陆
WDR	加注后湿态下的发射合练

附录 E
主要的重复使用运载器发展历史

包括 RBS 这样的可重复使用飞行器的基本想法并不是最近才出现的新想法，美国和全球的航空航天机构已经在这方面开展了很多非常有影响的活动，以期实现可重复使用所带来的潜在收益和优势回报。本附录简要介绍美国在这方面的主要工作和从中学到的经验。

航天飞机的历史

航天飞机是人类历史上唯一一项部分可重复使用并且持续在一定时期内得到成功应用的运载系统，苏联的"暴风雪"号是无人的，但是仅仅进行了一次轨道飞行。轨道器是航天飞机的部分可重复使用级，固体火箭助推器回收维护后可重复使用，外贮箱是一次性的。轨道器是有人驾驶入轨飞行，可在轨停留数周时间，之后再入滑翔返回并在跑道上着陆。

研制历史

根据 1969 年航天任务组的建议，NASA 集中力量研制可重复使用运载系统。决定接受研制航天飞机的建议的主要因素是航天飞机的方案可以显著降低运载成本，并且得到了所有相关的政府部门和组织的广泛支持。根据 A 阶段的研究论证结果，完全可重复使用的两级飞行器概念是最好的方案，可以实现单次飞行的成本最低。但是，同时研制轨道器和助推器将会非常昂贵（使成本非常高），因为最高纪录年份的研制经费已经让人非常担忧。1971 年，预算和管理办公室的指导政策限制了航天飞机整个研制经费并且限制了年度研制经费，将年度研制经费降到大约是估计的用于研制完全可重复使用两级构型运载器所需经费的一半。这些预算的限制使 NASA 不得不寻找其他方案，最终选用了目前看到的这种部分可重复使用的飞行器构型方案。

一些主要因素影响 NASA 实现可明显降低航天飞机操作运营成本的目标，

这些因素主要包括：

（1）政治决定严重影响了研制进度；

（2）预算限制了设计；

（3）发动机故障下的应急能力（需要两个发动机提供最好的性能、最低的成本）；

（4）国防部的横向机动能力要求使得构型调整并增加了复杂性；

（5）在研制过程中不断增加新的要求；

（6）构型的复杂性、结果的敏感性、任务要求的交互影响带来了设计上的挑战，这些影响了操作的复杂性和飞行约束。

即使最初有合理的经费支持研制完全可重复使用两级有人驾驶航天飞机系统，最初的低成本目标是否能够实现也是值得怀疑的。这一结论今天得到了进一步的佐证，因为目前认识到的这种飞行器方案需要的高发射频率是不可实现的。

可重复使用性评估

轨道器的设计是追求飞行操作性能，轨道器需要进入低地球轨道，为成员提供数周的生命保障系统，再入返回地球大气层，并且安全滑翔着陆。在研制过程中不可能预留一部分轨道器的质量使地面周转操作更有效，结果从来没有达到过预期的飞行频率，因为地面周转操作太复杂而且成本非常高。

轨道器再入热防护系统防热瓦的相关维护导致地面周转不可能快速完成。每次飞行后，超过27000片的防热瓦都要逐片进行损伤检测和粘接状态检查，如果需要的话还要靠人工进行防热瓦的替换。

在着陆之后轨道器的三个航天飞机主发动机（SSME）也需要进行检测。由于同轨道器其他部分之间的接口和交互非常复杂，实际运营阶段自从 STS-6 任务起每次轨道器执行完任务返回后都要进行主发动机的替换。在实际操作过程中主发动机拆离轨道器是由几个原因共同引起的。对 SSME 的检测需要开启电气和液体燃料子系统，这会与轨道器的其他处理流程相冲突。与主推进系统的其他部件不同，主发动机需要经常进行维护，而且在轨道器上安装之后，一定程度上限制了对发动机的处理，带来了需要在飞行器机身后部进行一系列的处理操作。与这一系列复杂处理流程相比，实际工程上对发动机进行替换将会是更为简易和有效的处理方式。将发动机拆除后，对轨道器的处理和对发动机的维护操作可以同步并行开展，因此任何超出预期的意外事故将不会影响其他部分的检测工作。

航天飞机轨道器地面处理的经验教训促使 NASA 在下一代可重复使用运载器上开始考虑操作性/维护性的设计约束。

国家航天飞机计划发展历史

国家航天飞机计划是 NASA 和 DOD 联合资助的项目,其目的是为了开发一种单级入轨航天器。国家航天飞机计划是由 DARPA 在 1982—1985 年资助的"铜峡谷计划"(Copper Canyon)演变而来的。国家航天飞机计划中,飞行器设计成可搭载两名成员开展进入太空的飞行任务。1990 年,McDonnell Douglus、General Dynamics、Rockwell International 联合成立了一个国家队来研制其验证机 X - 30,并解决其中的技术和经费问题。

与该项目成败关系最为紧密的技术有 6 项,其中 3 项与推进系统有关。X - 30计划采用一种能够由低速推进系统转为冲压系统的发动机,采用液氢燃料并从大气中吸入氧气。并配备有辅助的 LO_2/LH_2 火箭发动机,以在非常高的速度下增强冲压发动机的性能,也可以在空间飞行阶段在任务需要时提供必要的推进能力。

冲压发动机是 NASP 多次循环发动机的核心。冲压发动机工作过程中,大量的超声速空气经压缩进入燃烧室,液氢喷注向燃烧室,并与高温的压缩空气一起燃烧,燃烧后的尾气经喷管排出并产生推力。发动机能否有效工作取决于机身的气动特性,机身的底部是作为进气道和排气喷管的。因此,机身和发动机的集成设计对于冲压发动机的设计而言是至关重要的。

其他的使能技术包括能够在非常高的温度下保持结构完整性的材料研发,有时需要耐受的温度会超过 982.22℃(1800°F)。高超声速环境下严酷的热载荷需要研发主动冷却系统和先进的耐热材料。

由于 NASP 吸气式发动机在大部分的任务中使用大气中的氧而不用携带 LO_2,使得其具有特别高的比冲,约是 LO_2/LH_2 发动机比冲的 3 ~ 4 倍。这就使得推进剂质量占总质量比例约76% 的单级入轨运载器能够达到轨道速度。因此,最主要的技术挑战是让吸气式发动机达到较高的性能,同时限制发动机的固有质量和为了在上升入轨过程中保护飞行器而配备的热防护系统的附加质量。

除了结构和推进技术取得了显著的进步外,NASP 计划还有大量的技术障碍有待突破。DOD 希望 NASP 可以乘坐两名成员的同时可以搭载一个小型载荷。满足载人飞行的 SSTO 运载器这一任务要求使得 X - 30 跟其最初作为验证机要求下的方案相比,变得更昂贵、规模更大、质量更大。

作为一个周转时间仅 24h 或者更短的 SSTO 运载器,支持 NASP 项目的人最初将 X - 30 视为是开辟了更快、更低成本进入近地轨道(低地球轨道)的新途径。很明显,最初声称 NASP 作为航天运载器的声明与 20 世纪 70 年代初期关于航天飞机的声明非常相似。关于 NASP 将具有像航空飞机那样的操作特性的声明是假想的,并不是基于实际的详细分析得到的结论。

NASP 从来没有达到过飞行状态,最终在 1993 年因预算削减而下马。但是,该项目被取消的另外一个原因是其所需技术的严重扩张。尽管 X – 30 项目从来没有进展到接近可以制造出具体硬件的程度,但是 NASP 的研发工作对于推进技术、高温材料、可重复暴露在极低温环境的材料(低温燃料贮箱)的进步起到了至关重要的作用。截止到 1990 年,NASP 项目已经在钛铝合金、钛铝基复合材料、C – C 复合材料涂层等领域取得了显著的进步。另外,官方和合同商的实验室已经制造并在接近飞行器运行环境下测试了大面积的钛铝板,NASP 的合同商还制造并测试了钛铝基复合材料片。

在 NASP 项目被取消的时候,官方承诺将对国家航天飞机投入 17 亿美元,但是部分研发工作是秘密级的,官方成本可能更高。

NASP 计划中可以学到以下经验:

(1) 基于吸气式动力发动机的 SSTO 运载器超出了目前的技术现状;

(2) 大气层内高超声速飞行引起苛刻的气动加热,对热防护材料和热管理带来了巨大的挑战;

(3) 在开展大尺寸飞行器研制计划之前,推进技术应当独立地预先达到足够高的技术成熟度。

X – 33 的历史

X – 33 冒险星飞行器原计划是一个 RLV 的 1/3 缩比样机,其设计目的是大幅降低发射载荷的成本。NASA 和洛克希德·马丁在研制 X – 33 时雄心勃勃地要研发一个完全可重复使用、垂直发射水平着陆的载人 SSTO 运载器。为了实现 SSTO 的能力,冒险星需要配备大推力、高比冲的推进系统而且质量因子要高于 0.88。在 SSTO 研制过程中,任何一个很小的飞行器重量增加都会影响载荷的运输能力,就需要非常严格的减重措施(成本代价非常高)或者放大飞行器的缩比系数(这一方法成本代价更高)。如果一个 SSTO 运载器的质量因子低于 0.88,为了将载荷送往轨道所需要的运载器重量会逐渐增加,直到飞行器甚至不可能将其本身送往轨道。目前最有效的一次性上面级(Centaur)的质量因子为 0.90。将运载器做得规模大一点会很有帮助,但是规模变大的同时也增加了再入时的热防护系统、用于产生升力和控制的气动操纵面、着陆起落架、载人的生命保障系统等,这就使得满足质量因子最小值要超过 0.88 变得极为困难。X – 33 就是为了揭示和验证许多与为满足这一质量因子需求相关的技术。

B. F. Goodrich 研制的热防护系统已经取得了长足的进展,同时也负责飞行器的气动操纵面研制。Rocketdyne XRS – 2200 Linear Aerospike 主发动机瞄准要成为下一代液体燃料推进系统的主力。最初保形的 LO_2 和 LH_2 推进剂贮箱都是选择复合材料加工，有人提出工程的反对意见后，较小的 LO_2 贮箱采用 Al – Li 合金成功地制造了出来。但是，管理层坚持认为，为了通过 X – 33 有效地推动技术进步，易裂的 LH_2 贮箱必须采用复合材料制造。

LH_2 贮箱的研制遇到了问题，与此同时，由于 Rocketdyne 决定采用铜 – 银 – 锆合金（NARLOY – Z）作为原料，飞行器的飞行控制面也需要进行改动和调整。这些主要事件（以及另外一些类似事件）导致研制成本的持续增加和研制进度的顺延。复合材料液氢贮箱在测试中失效，导致了项目在 2001 年被取消。X – 33 在 5 年多的时间里研制成本达 15 亿美元，在项目取消的时候飞行器硬件部分的 40% 已经制造出来了，其在爱德华兹空军基地的测试设置也已经准备就绪。如果采纳 X – 33 工程团队提出的用铝锂合金加工 LH_2 贮箱的建议而不用复合材料来加工，整个贮箱可能会比复合材料贮箱更轻，因此也可能成功地通过地面测试。不幸的是，所有成功验证过的新技术随着 X – 33 的下马全都搁置了，也丧失了有可能为后续可重复使用助推器研制服务和使用的搜集可用飞行信息的绝佳机会。

与 RBS 不同的类似项目（RBS Difference）

除了上述的 3 个大型研制计划外，在美国和全球范围内曾经有过或者将要开展大量的目的在于研制可重复使用运载器的类似工作。仅在美国境内，这些计划就包括 X – 20 Dyna – Soar、X – 34、Delta Clipper、Kistler K – 1、DreamChaser、Prometheus、Blue Origin New Sheppard。国际上的项目包括 HOTO1、Skylon、Sanger、Buran。关于这些项目的详细讨论超出了本委员会的评审工作范畴，此处不再赘述。

RBS 概念与上述 3 个大型可重复使用运载器研制计划相比，有很多的重要不同之处，主要包括：

（1）上述 3 个 RLV 计划的目的是载人飞行，意味着需要增加大量的子系统，这就增加了运载器的干重。RBS 是无人自主操作的，无须增加这些附加的干重。

（2）上述 3 个 RLV 计划中的飞行器要发射入轨并经历轨道再入飞行环境返回。在 RBS 的基线方案中，可重复使用助推器的最大飞行马赫数是 3 ~ 7，对热防护系统的需求可以大幅压缩/减少。

（3）航天飞机 RCS 采用有毒的推进剂使得地面操作非常复杂并且严重影响地面周转时间。作为一个全新的设计，RBS 概念飞行器采用无毒推进剂的 RCS，这会带来显著的操作运营上的先进性。

（4）大部分 RLV 计划基于采用氢燃料的动力系统（Kistler 的 K‒1 是唯一一个采用 LO_2/RP 推进剂的例外）。RBS 概念飞行器的助推器采用碳氢燃料推进剂。这种高密度的燃料将很可能使飞行器的构型在结构和气动上均更为合理有效。

另外，如果 RBS 的研制遵循本评估委员会提出的分阶段研制方案，相对于以往的 RLV 项目，RBS 在开展全尺寸飞行器研制和飞行验证之前，每项技术的风险消除程度应当控制在比技术需求要求的标准更高的水平/程度上。这一方法与以往 RLV 项目中技术风险消除的方式形成了鲜明的对比。在以往的这些研发计划中，主要的技术风险的发现和消除都是与全尺寸飞行器的研制并行进行的，比如航天飞机的可重复使用 SSME 和固体火箭发动机、NASP 的组合循环发动机、X‒33 液氢贮箱的极端轻质结构等。

基于以上考虑，RBS 概念和以往的 RLV 项目有着非常明显的区别。另外，尽管运载器有效的可重复使用性仍然是个难以捉摸的目标（不很明确），评估委员会相信，RBS 的概念在逻辑上提供了一种介于完全可重复使用运载器和目前技术体系完备的一次性运载系统之间的折中方案。因此，尽管评估委员会认为 RBS 概念的商业运营方案目前还不闭合，但是继续推动潜在的核心技术的不断成熟是非常重要的。

附录 F
RBS 助推器的操作性设计

　　RBS 的概念方案中,对地面和飞行中的操作需求没有进行非常清楚的定义和描述,通过这些定义和描述可以评估这些操作对飞行器设计的影响。美国空军的基本任务模型中包括每年进行 8 次 RBS 运载器发射,每个海岸基地设置 4 个 RBS(CCAFS 和 VAFB)。这种任务模型不需要对可重复使用助推器进行快速的地面处理。评估委员会认为,RBS 应当满足未来的快速响应空间发射需求。比如,可能需要设计 RBS 助推器及其地面设施以实现在不同发射任务的周转期间进行快速处理。很明显,在不考虑很明确的需求驱动条件下,这种操作要求需要在研发成本和复用操作成本之间进行折中处理。但是,由于无人驾驶可重复使用助推器将需要 AG&C、IVHM 以实现高可靠的完成其飞行过程中的各种任务,IVHM 可用于帮助改善流线形翼身融合体助推器的地面处理流程。

　　可操作性方面的考虑将很可能影响 RBS 的设计需求,可能改变标准的运载火箭地面操作标准。下面简要讨论这些操作性应考虑的几个方面。

　　(1)助推器重复使用的地面处理。重复使用助推器执行完任务后返回并在发射场的跑道上水平着陆。飞行过程必须安全,剩余燃料必须排泄,还要进行贮箱清洗、识别检测需要维护的设备。任何液体燃料的处理都应当是无毒的,这一点很有必要,这样就可以不需要采用穿戴自供气的全副防护服的地面操作。采用 IVHM 进行维护需求检测,不需要地面人员和设备对检测进行技术评估。一旦需要维护的事项完成并经过 IVHM 的检测,助推器与带有(整流罩内包裹有)有效载荷的大型 LES 组合体进行装配,这项工作可以在发射台上进行也可以在单独的总装厂房进行。起飞插拔保持助推器和上面级与地面的液体、电气、数据连接接口。在最终的飞行器检测完成之后,进行推进剂加注和运载器发射。

　　(2)操作性设计应考虑的方面。基于 NASA 非常有挑战性的航天飞机轨道器重复使用经验,只有在飞行器设计时考虑了系统的操作功能需求,才有可能实现快速的地面操作处理。在早期设计过程中充分考虑应用系统的余量和可操作性对飞行器来讲是至关重要的方面,事关飞行器成败。具有鲁棒性的飞行器设计方案应当折中处理飞行器的重量和性能,以实现增加部件的可靠性,对于低成本操作来说这是非常重要的。在飞行器复飞成本当中,硬件设备替换所花费的成本占的比例应该是非常小的数值。

(3)可重复使用系统的特殊考虑。在确保助推器有效的可重复使用性和相关可操作性的前提下,设计中应考虑的重要方面以及应保持的目标如下:

——通过将地面测试中频繁使用的设备移植或合并到助推器上,追求将助推器的地面处理过程与设施和地面支持设备隔离起来。日常运作过程中,按计划开展的地面周转补偿修整的仅仅是飞行器上的消耗品。去除了每次飞行之前的系统级助推器状态确认。提供一种飞机上采用的重复使用飞行操作确认工作模式。

——当需要维护时,助推器的子系统应该能够独立加电并可以非常容易地进行操作处理。这就允许各项工作可以并行开展,避免了处理流程冲突。

——避免出现封闭的运载器舱段,这些封闭舱段在人员进入之前需要进行清除、复杂的操作和清空处理。

——当可以共用推进剂时,主推进系统和辅助推进系统应该高度集成,采用通用的贮箱、输送系统线路等。这样会降低多种推进剂的处理需求,也会减少交接面。

——热防护系统应当具有较强的任务适应性并且不需要维护,避免热防护系统在飞行过程中性能下降或者吸收潮气。

——采用更少的发动机,推荐采用 2～4 个主发动机,可提供多种优势,比如减少传统上需要吹除的封闭空间,减少服务需求和地面接口,减少需要进行渗漏检查的系统数目。

——IVHM 可以提供部件和系统级的健康监控能力,可以识别需要维护的事项。IVHM 和液体渗漏的无损伤检测以及其他技术对于减少大量的飞行中可能出现的意外维护是非常重要的。

——通过在一切可能的地方都采用全焊接系统的方法,得到能够限制使用静态或动态环境下液体和其他气体渗漏测试验证的设计方案。提供在电能和数据转送过程中减少使用电缆连接器的设计方案,来尽可能地将故障排查和维修的工作量降至最低。

——在可能的情况下采用环境友好技术。如果可能的话辅助推进系统、主发动机点火、发电都要避免使用自燃推进剂。如果反作用控制系统必须使用自燃推进剂,对其配备模块化子系统以便实现简易的替换和装载。同时,避免使用有毒的氟利昂和氨水。在有可能的条件下,避免采用需要进行飞行器吹除的设计方案。

——避免发动机推力矢量控制、空气舵面操纵和着陆轮作动等操作时的管路水压,对于这些功能采用电作动器。

——可重复使用返回式助推器的工作任务时间相对较短,可以采用电池供电,而不采用复杂的推进剂燃烧发电。

——在飞行器上装载一个电源管理系统,在每个地面维护站只需要一个飞行器对地面的接口。

——仪器设备的安装应该是操作简便的(随手可得的、现成的)。避免在封闭的狭窄空间安装设备,这种安装方案和流程容易带来间接的设备损坏,并增加额外的工作量。在飞行器机身舱壁上安装设备或者在人员容易进出的开放式舱段安装设备。采用类似飞机上采用的接口面板。

——发射台上的液体、电路和通信接口应当与起飞插拔集成在一起,布置在助推器和 LES 的底部。如果采用移动式发射台,这些功能应该通过自动耦合器与发射台设施相连接。

——所有的部件和子系统应当经历过能够涵盖指定的可重复使用飞行器寿命周期的验证。如果不可能做到这一点,则应当要求飞行的次数在比预期的有所减少时,能够通过很简易的流程实现对这些部件或分系统的设备进行明确的移除、替换以及安装后的检测。

RBS 的可操作性需求和技术研发启示

评估委员会认为实现 RBS 助推器的地面周转操作能力(可操作性)更像是一个设计要求而不是一个技术发展方面的问题。很多以往可重复使用火箭飞行器(无论是单级入轨或者是上面级)设计存在的问题就是过于追求飞行性能指标,从而使得即使考虑了操作性要求,但是这些飞行器也没有在不严重危及飞行性能的前提下有效地利用这些操作性要求。因此,如果是在设计中考虑了操作性要求,也是被放在一个优先级很低的位置上。显而易见,这是在航天飞机轨道器研发过程中就发生过的事实(附录 E)。RBS 的助推器设计完全不是追求飞行性能指标,这就使得需要将可操作性要求至少被视为是与飞行性能需求同等重要的地位。

本附录前文所述的特殊的操作性需求是 NASA 根据其轨道飞行器的经验总结出来的。除了顶层的操作性需求(比如,RBS 助推器应该具备在××小时内经过××人的地面维护人员操作再次飞行的能力)外,前文 NASA 提出的特殊操作需求可以根据 RBS 进行专门设计,并由美国空军明确提出作为 RBS 助推器的详细操作需求。同时,这些特殊操作需求也可与飞行性能需要一并放在同等重要的位置上。

从技术研发的观点看,很明显 IVHM 以及相关的传感器是实现可操作性的主角,正如3.4节所述。NASA的大部分建议是充分理解和认识需要很少或者几乎不需要技术研发的设计方法。但是这些设计方法并不是最优的设计方案,这也是相关方法没有用于目前一次性运载器或者追求先进性能的可重复使用运载器的原因。推荐的大部分设计方法与目前商用或者军用飞机上采用的设计方法非常相似,甚至简直就是飞机上的设计标准。在 RBS 助推器上使用这些方法将需要进行再设计,以适应火箭发动机带来的苛刻振动和声学噪声环境,并通过昂贵的考核试验。这种再设计和考核试验可视为技术研发,但是并不是一个非常高的技术风险点。但是,评估委员会认为,尝试验证将目前飞机设计方法改进后应用于苛刻的火箭发射环境将会带来明显的成本风险。